水利水电工程施工技术全书

第三卷 混凝土工程

第一册

混凝土工程
施工规划

席浩 李克信 等 编著

中国水利水电出版社
www.waterpub.com.cn

内 容 提 要

　　本书是《水利水电工程施工技术全书》第三卷《混凝土工程》中的第一册，本书系统阐述了水工混凝土工程施工规划的施工技术和方法。主要内容包括：施工布置规划、施工进度规划、混凝土浇筑方案规划、资源配置规划、质量管理规划、安全管理规划、环境保护规划、施工信息化等。

　　本书可作为水利水电工程施工领域的工程技术人员、工程管理人员和高级技术工人的工具书，也可供从事水利水电工程科研、设计、建设及运行管理和相关企事业单位的工程技术人员、工程管理人员使用，并可作为大专院校水利水电工程及机电专业师生教学参考书。

图书在版编目（CIP）数据

　　混凝土工程施工规划 / 席浩等编著. -- 北京：中国水利水电出版社，2016.4（2017.8重印）
　　（水利水电工程施工技术全书. 第3卷. 混凝土工程；1）
　　ISBN 978-7-5170-4295-2

　　Ⅰ. ①混… Ⅱ. ①席… Ⅲ. ①混凝土施工 Ⅳ.
①TU755

　　中国版本图书馆CIP数据核字(2016)第088786号

书　　名	水利水电工程施工技术全书 第三卷　混凝土工程 第一册　混凝土工程施工规划	
作　　者	席浩　李克信　等 编著	
出版发行	中国水利水电出版社 （北京市海淀区玉渊潭南路1号D座　100038） 网址：www. waterpub. com. cn E-mail：sales@waterpub. com. cn 电话：(010) 68367658（营销中心）	
经　　售	北京科水图书销售中心（零售） 电话：(010) 88383994、63202643、68545874 全国各地新华书店和相关出版物销售网点	
排　　版	中国水利水电出版社微机排版中心	
印　　刷	北京嘉恒彩色印刷有限责任公司	
规　　格	184mm×260mm　16开本　11.25印张　266千字	
版　　次	2016年4月第1版　2017年8月第2次印刷	
印　　数	2001—5000册	
定　　价	**48.00元**	

《水利水电工程施工技术全书》
编审委员会

《水利水电工程施工技术全书》
各卷主（组）编单位和主编（审）人员

卷序	卷名	组编单位	主编单位	主编人	主审人
第一卷	地基与基础工程	中国电力建设集团（股份）有限公司	中国电力建设集团（股份）有限公司 中国水电基础局有限公司 葛洲坝基础公司	宗敦峰 肖恩尚 焦家训	谭靖夷 夏可风
第二卷	土石方工程	中国人民武装警察部队水电指挥部	中国人民武装警察部队水电指挥部 中国水利水电第十四工程局有限公司 中国水利水电第五工程局有限公司	梅锦煜 和孙文 吴高见	马洪琪 梅锦煜
第三卷	混凝土工程	中国电力建设集团（股份）有限公司	中国水利水电第四工程局有限公司 中国葛洲坝集团有限公司 中国水利水电第八工程局有限公司	席　浩 戴志清 涂怀健	张超然 周厚贵
第四卷	金属结构制作与机电安装工程	中国能源建设集团（股份）有限公司	中国葛洲坝集团有限公司 中国电力建设集团（股份）有限公司 中国葛洲坝建设有限公司	江小兵 付元初 张　晔	付元初
第五卷	施工导（截）流与度汛工程	中国能源建设集团（股份）有限公司	中国能源建设集团（股份）有限公司 中国葛洲坝集团有限公司 中国水利水电第八工程局有限公司	周厚贵 郭光文 涂怀健	郑守仁

《水利水电工程施工技术全书》
第三卷《混凝土工程》编委会

《水利水电工程施工技术全书》
第三卷《混凝土工程》
第一册《混凝土工程施工规划》
编写人员名单

主　　编：席　浩　李克信

审　　稿：席　浩　牛宏力

编写人员：李克信　王雄武　牛宏力　李晓涛

　　　　　刘红玉　顾锡学

序 一

水利水电工程建设在我国作为一项基础建设事业，已经走过了近百年的历程，这是一条不平凡而又伟大的创业之路。

新中国成立66年来，党和国家领导一直高度重视水利水电工程建设，水电在我国已经成为了一种不可替代的清洁能源。我国已经成为世界上水电装机容量第一位的大国，水利水电工程建设不论是规模还是技术水平，都处于国防领先或先进水平，这是几代水利水电工程建设者长期艰苦奋斗所创造出来的。

改革开放以来，特别是进入21世纪以后，我国的水利水电工程建设又进入了一个前所未有的高速发展时期。到2014年，我国水电总装机容量突破3亿kW，占全国电力装机容量的23%。发电量也历史性地突破31万亿kW·h。水电作为我国当前重要的可再生能源，为我国能源电力结构调整、温室气体减排和气候环境改善做出了重大贡献。

我国水利水电工程建设在新技术、新工艺、新材料、新设备等方面都取得了突破性的进展，无论是技术、工艺，还是在材料、设备等方面，都取得了令人瞩目的成就，它不仅推动了技术创新市场的活跃和发展，也推动了水利水电工程建设的前进步伐。

为了对当今水利水电工程施工技术进展进行科学的总结，及时形成我国水利水电工程施工技术的自主知识产权和满足水利水电建设事业的工作需要，全国水利水电施工技术信息网组织编撰了《水利水电工程施工技术全书》。该全书编撰历时5年，在编撰过程中组织了一大批长期工作在工程建设一线的中青年技术负责人和技术骨干执笔，并得到了有关领导、知名专家的悉心指导和审定，遵循"简明、实用、求新"的编撰原则，立足于满足广大水利水电工程技术人员的实际工作需要，并注重参考和指导价值。该全书内容涵盖了水利水电工程建设地基与基础工程、土石方工程、混凝土工程、金属结构制作与机电安装工程、施工导（截）流与度汛工程等内容的目标任务、原理方法及工程实例，既有理论阐述，又有实例介绍，重点突出，图文并茂，针对性及可操作性强，对今后的水利水电工程建设施工具有重要指导作用。

《水利水电工程施工技术全书》是对水利水电施工技术实践的总结和理论提炼，是一套具有权威性、实用性的大型工具书，为水利水电工程施工"四新"技术成果的推广、应用、继承、创新提供了一个有效载体。为大力推动水利水电技术进步和创新，推进中国水利水电事业又好又快地发展，具有十分重要的现实意义和深远的科技意义。

水利水电工程是人类文明进步的共同成果，是现代社会发展对保障水资源供给和可再生能源供应的基本需求，水利水电工程施工技术在近代水利水电工程建设中起到了重要的推动作用。人类应对全球气候变化的共识之一是低碳减排，尽可能多地利用绿色能源就成为重要选择，太阳能、风能及水能等成为首选，其中水能蕴藏丰富、可再生性、技术成熟、调度灵活等特点成为最优的绿色能源。随着水利水电工程建设与管理技术的不断发展，水利水电工程，特别是一些高坝大库能有效利用自然条件、降低开发运行成本、提高水库综合效能，高坝大库的（高度、库容）记录不断被刷新。特别是随着三峡、拉西瓦、小湾、溪洛渡、锦屏、向家坝等一批大型、特大型水利水电工程相继建成并投入运行，标志着我国水利水电工程技术已跨入世界领先行列。

近年来，我国水利水电工程施工企业积极实施走出去战略，海外市场开拓业绩突出。目前，我国水利水电工程施工企业在亚洲、非洲、南美洲多个国家承建了上百个水利水电工程项目，如尼罗河上的苏丹麦洛维水电站、号称"东南亚三峡工程"的马来西亚巴贡水电站、巨型碾压混凝土坝泰国科隆泰丹水利工程、位居非洲第一水利枢纽工程的埃塞俄比亚泰克泽水电站等，"中国水电"的品牌价值已被全球业内所认可。

《水利水电工程施工技术全书》对我国水利水电施工技术进行了全面阐述。特别是在众多国内外大型水利水电工程成功建设后，我国水利水电工程施工人员创造出一大批新技术、新工法、新经验，对这些内容及时总结并公开出版，与全体水利水电工作者分享，这不仅能促进我国水利水电行业的快速发展，提高水利水电工程施工质量，保障施工安全，规范水利水电施工行业发展，而且有助于我国水利水电行业走进更多国际市场，展示我国水利水电行业的国际形象和实力，提高我国水利水电行业在国际上的影响力。

该全书的出版不仅能提高水利水电工程施工的技术水平，而且有助于提高我国水利水电行业在国内、国际上的影响力，我在此向广大水利水电工程建设者、工程技术人员、勘测设计人员和在校的水利水电专业师生推荐此书。

孙洪水

2015 年 4 月 8 日

序 二

　　《水利水电工程施工技术全书》作为我国水利水电工程技术综合性大型工具书之一，与广大读者见面了！

　　这是一套非常好的工具书，它也是在《水利水电工程施工手册》基础上的传承、修订和创新。集中介绍了进入 21 世纪以来我国在水利水电施工领域从施工地基与基础工程、土石方工程、混凝土工程、金属结构制作与机电安装工程、施工导（截）流与度汛工程等方面采用的各类创新技术，如信息化技术的运用：在施工过程模拟仿真技术、混凝土温控防裂技术与工艺智能化等关键技术，应用了数字信息技术、施工仿真技术和云计算技术，实现工程施工全过程实时监控，使现代信息技术与传统筑坝施工技术相结合，提高了混凝土施工质量，简化了施工工艺，降低了施工成本，达到了混凝土坝快速施工的目的；再如碾压混凝土技术在国内大规模运用：节省了水泥，降低了能耗，简化了施工工艺，降低了工程造价和成本；还有，在科研、勘察设计和施工一体化方面，数字化设计研究面向设计施工一体化的三维施工总布置、水工结构、钢筋配置、金属结构设计技术，推广复杂结构三维技施设计技术和前期项目三维枢纽设计技术，形成建筑工程信息模型的协同设计能力，推进建筑工程三维数字化设计移交标准工程化应用，也有了长足的进步。因此，在当前形势下，编撰出一部新的水利水电施工技术大型工具书非常必要和及时。

　　随着水利水电工程施工技术的不断推进，必然会给水利水电施工带来新的发展机遇。同时，也会出现更多值得研究的新课题，相信这些都将对水利水电工程建设事业起到积极的促进作用。该全书是当今反映水利水电工程施工技术最全、最新的系列图书，体现了当前水利水电最先进的施工技术，其中多项工程实例都是曾经创造了水利水电工程的世界纪录。该全书总结的施工技术具有先进性、前瞻性，可读性强。该全书的编者们都是参加过我国大型水利水电工程的建设者，有着非常丰富的各专业施工经验。他们以高度的社会责任感和使命感、饱满的工作热情和扎实的工作作风，大力发展和创新水电科学技术，为推进我国水利水电事业又好又快地发展，做出了新的贡献！

近年来，我国水利水电工程建设快速发展，各类施工技术日臻成熟，相继建成了三峡、龙滩、水布垭等具有代表性的水电工程，又有拉西瓦、小湾、溪洛渡、锦屏、糯扎渡、向家坝等一批大型、特大型水电工程，在施工过程中总结和积累了大量新的施工技术，尤其是混凝土温控防裂的施工方法在三峡水利枢纽工程的成功应用，高寒地区高拱坝冬季施工综合技术在拉西瓦等多座水电站工程中的应用……，其中的多项施工技术获得过国家发明专利，达到了国际领先水平，为今后水利水电工程施工提供了参考与借鉴。

目前，我国水利水电工程施工技术已经走在了世界的前列，该全书的出版，是对我国水利水电工程建设领域的一大贡献，为后续在水利水电开发，例如金沙江上游、长江上游、通天河、黄河上游的水电开发、南水北调西线工程等建设提供借鉴。该全书可作为工具书，为广大工程建设者们提供一个完整的水利水电工程施工理论体系及工程实例，对今后水利水电工程建设具有指导、传承和促进发展的显著作用。

《水利水电工程施工技术全书》的编撰、出版是一项浩繁辛苦的工作，也是一项具有创造性的劳动过程，凝聚了几百位编、审人员近5年的辛勤劳动，克服各种困难。值此该全书出版之际，谨向所有为该全书的编撰给予关心、支持以及为此付出了辛勤劳动的领导、专家和同志们表示衷心的感谢！

2015 年 4 月 18 日

前　言

　　由全国水利水电施工技术信息网组织编写的《水利水电工程施工技术全书》第三卷《混凝土工程》共分为十二册，《混凝土工程施工规划》为第一册，由中国水利水电第四局工程局有限公司编写。

　　为适应我国国民经济可持续发展，水利水电工程建设必将取得突飞猛进的发展，随着金沙江、怒江、澜沧江、雅砻江、大渡河、雅鲁藏布江等流域水电开发的推进，这些位于西南地区的水利水电工程规模大，多以高坝类型为主，为水工混凝土施工技术的发展提供了更多机遇。水电作为可大规模开发的可再生清洁能源，其开发利用可节约和替代大量化石能源，显著减少温室气体排放和污染物，保护生态环境，有效地促进国民经济可持续发展以及人与自然的协调发展。

　　本册在编写过程中总结了近20年来水利水电工程建设的成功经验，使水工混凝土施工过程有一个科学合理的管理体系，在保证工程质量和施工安全的前提下，按期优质、低耗、高效完成预定的建设目标，取得最佳经济效益，着重强调对实际工作的指导性，本着求新、求准、求实用的原则，结合水工混凝土施工工艺、施工流程，较全面地反映了水工混凝土施工规划编制的主要内容和方法，编写内容在吸取相关工具书经验基础上，大量收集了近年来新成果并结合工程实例，对水工混凝土施工规划过程进行阐述。

　　在此对关心、支持、帮助过该书出版、发行的领导、专家、技术工作人员表示衷心的感谢。

　　本书在编写时难免存在挂一漏万之处，希望广大读者在学习使用过程中，多提批评指导意见，以利改正。

作　者

2015 年 9 月

目 录

1 综　　述

1.1　水工混凝土工程发展

我国水力资源十分丰富，蕴藏量约 6.94 亿 kW，其中技术可开发量 5.42 亿 kW，截至 2013 年年底，我国水电总装机已达 2.8 亿 kW，占全国电力装机的 23%，水电年发电量 8963 亿 kW·h，占全国总发电量的 17%。水电作为我国当前最大的可再生能源，为我国能源电力结构调整、温室气体减排、气候环境改善做出了重大贡献。

纵观水工混凝土工程建设的发展历程，新中国成立之后，通过中、小型水利设施的建设，使水工混凝土技术逐步完善。20 世纪 80 年代以后，我国的水利水电工程建设事业取得突飞猛进的发展，建设体制不断完善，大型设备、先进技术广泛采用，水电建设在国民经济快速发展的推动下，进入了一个前所未有的高速发展时期。进入 21 世纪后，水工混凝土工程施工领域在新技术、新工艺、新材料、新设备等方面都取得了突破性进展，形成了一系列能够满足特大型复杂建筑结构快速施工要求的施工技术和工艺。

水工混凝土建筑物经常性或周期性受水作用，所采用的混凝土要求具有良好的耐久性和抗渗透性。高寒地区，特别是在水位变动区域，混凝土要求具有较高的抗冻性；受侵蚀性水浸润时，混凝土要求具有良好的耐蚀性；大体积混凝土，为防止温度裂缝的出现，要求拌制混凝土的水泥具有低热性和低收缩性；受高速水流冲刷的结构，要求混凝土具有抗冲刷、耐磨及抗空蚀性等特性。为满足不同水工建筑物的施工要求，水工混凝土在不断发展创新，施工工艺不断提高和更新。

我国水工混凝土工程建设发展迅速，20 世纪 80 年代末建成了凤滩、白山、龙羊峡、东江、紧水滩等 5 座 100m 以上混凝土拱坝，90 年代修建了东风、隔河岩、李家峡、二滩等一批双曲混凝土高拱坝。2000 年后，三峡水利枢纽工程成为世界上最大的水利枢纽工程。其后小湾、溪洛渡、拉西瓦、锦屏一级等一批特高拱坝相继建成并投入使用，标志着中国水工混凝土施工技术已跨入世界先进行列。

水工混凝土施工技术发展主要体现在以下几个方面。

（1）原材料及配合比优化。耐久性和强度是混凝土性能持续研究的课题，通过工程技术人员不断的实验和研究，在不同的工程环境下通过改变混凝土配合比，以及配合比中原材料组成，达到满足不同工程混凝土性能和便于工程施工的要求。混凝土的耐久性主要包括抗渗性、抗冻性、抗侵蚀性、耐磨性、混凝土的碳化（中性化）、碱骨料反应等。近年来，通过试验并应用新的水泥、外加剂和掺合料，使混凝土耐久性得到最大限度的提高。比如：配合比中采用缩小水胶比增加粉煤灰掺量，提高混凝土的耐久性；采用有补偿混凝土收缩性能的中热大坝水泥、高镁中热水泥和添加氧化镁（MgO）等技术措施，可以减少混凝土收缩变形、减少混凝土裂缝；在水工混凝土拌制中掺入具有减水、缓凝及增加耐久性的外加剂，如聚羧酸、萘系减水剂等，可改善混凝土拌和物的和易性并提高耐久性；采用拌和物中掺加钢纤维、聚丙烯纤维（PP）、聚乙烯醇纤维（PVA）、聚丙烯腈纤维（PAN），以及木质素纤维和无机玄武岩纤维等，可以提高混凝土的抗裂性及抗磨性；在大体积混凝土和抗冲磨混凝土中采用低热硅酸盐水泥，来提高混凝土综合抗裂能力；在粉煤灰资源比较紧缺的区域，采用磷渣粉、水淬铁（锰铁）矿渣＋石灰石粉、火山灰等掺合料来代替粉煤灰。

（2）施工设备与仓面机具。随着混凝土工程建设快速发展，各种先进的施工设备不断的研发并投入使用，根据不同工程的施工特点，混凝土浇筑采用缆机、门塔机和带式运输为主的综合施工设备群，尤其在大型混凝土工程中缆机得到广泛应用。目前，普遍以30t起重量的缆机为主，更高吨位的缆机正在研发中。水工混凝土常用设备发展方向如下：①节能、高效、自动化及高模块化拌和系统；②大容量、机动灵活入仓运输设备；③系列仓内配套设备；④温控设备，如：全封闭、智能化制冷设备。

（3）温控及防裂。混凝土温控防裂的措施主要有：选择优质原材料、优化混凝土配合比、控制混凝土出机口温度和浇筑温度、通水冷却、表面保温和养护等。

高温季节综合采用低热微膨胀水泥、高掺优质粉煤灰，混凝土骨料二次风冷、加冰、加制冷水拌和等技术生产低温混凝土，平铺法浇筑混凝土，及时覆盖保温被，仓面喷雾技术，初期、中期、后期通水冷却控制温升曲线，控制沿高程方向的温度梯度，上下游坝面粘贴苯板等温控措施。

寒区低温季节采用低热微膨胀水泥、高掺优质粉煤灰，加热水、斜面分层法浇筑混凝土，及时覆盖保温被、仓内封闭加热及蓄热、控制温升曲线、控制沿高程方向的温度梯度、上下游坝面粘贴苯板等温控措施。

（4）施工方法与工艺。近年我国在水工混凝土施工方面所取得成就包括：混凝土施工过程模拟仿真技术、双高掺高标号高性能大浇筑层施工技术、基础强约束区温控防裂技术与工艺、快速过孔口工艺、低温混凝土及仓内保温施工工艺、HDPE冷却水管的应用、接缝灌浆系统及全年快速接缝灌浆等关键技术，已达到提高混凝土施工质量、简化施工工艺、降低施工成本、促进混凝土坝快速施工的目的。

1）水平、垂直输送一体化。混凝土浇筑可采取以塔带机及供料线连续浇筑为主的综合施工技术。以塔带机及供料线为主，辅以高架门机、港机、塔机和缆机的综合施工方案。从传统常规的吊罐浇筑改变为混凝土生产、运输、浇筑一条龙连续生产工艺。以塔带机及供料线为主的浇筑系统，由各混凝土拌和楼通过皮带机将混凝土输送至塔带机直接入仓，集水平和垂直运输于一体，减少混凝土从生产至浇筑之间流通环节，降低混凝土的自然温升，减少混凝土的不必要的浪费，加快混凝土施工。如小湾水电站采用6台缆机（3台高缆＋3台低缆）覆盖了全部混凝土浇筑区域，简化了运输流程，提高了施工效率，缩短了建设工期，经济效益显著。

2）仓面作业全套机械化。在水工常态混凝土的施工中，常用的仓面设备有平仓机、振捣机、高压水冲毛机、仓面吊、喷雾机等，俗称仓面"五小机"、随着技术的进步，以及对混凝土浇筑质量的要求越来越高，许多新的混凝土仓面设备如混凝土抹面机、提浆机等不断被研制出来，并得到广泛使用。在三峡、二滩等许多大型水电工程的大仓位混凝土浇筑中，平仓采用了专用平仓铲，主振捣设备已采用带有多个振捣棒头的振捣机，这对加快浇筑进度、保障浇筑质量起到了积极的作用。

3）工艺流程不断优化。如采用高掺粉煤灰技术，不仅提高了大坝混凝土各项强度指标及抗渗性、耐久性和可施工性，还可减少胶凝材料用量、降低混凝土绝热温升，并可节约投资；采用 HDPE 冷却水管的应用，不仅简化了冷却水管的运输和铺设工艺、提高施工效率、降低施工成本，而且还可缩短大坝混凝土浇筑进度；采用全年快速接缝灌浆技术，可简化缝灌浆工艺、加快接缝关键进度，保证大坝混凝土快速上升；采用施工过程模拟仿真技术，不仅可优化大坝混凝土施工进度，而且还可施工过程中进行实时控制和科学预测，保证大坝混凝土浇筑更加科学合理施工技术日趋成熟。还在预埋件的施工工艺、大升层（3m）混凝土浇筑、二次振捣工艺、层间结合处理、混凝土温控、养护等方面均取得了进展。

（5）施工规划与管理。

1）施工设计与规划。施工设计与规划主要包括方案设计、布置设计、进度设计、仓面设计等。

2）规范化管理技术。为提高混凝土建设工程管理水平，促使建设工程项目管理科学化、规范化、制度化、标准化和国际化。坚持自主创新、以人为本和科学发展，全面实现项目经理责任制，不断改进和提高项目混凝土施工管理水平，实现可持续发展。如：三峡水利枢纽主体工程混凝土总量达 2800 万 m^3，其中大坝混凝土约 2000 万 m^3。大坝混凝土施工是三峡水利枢纽工程能否按照总进度的要求达到计划目标的关键。根据总进度安排，其年最高浇筑量要达到 500 万 m^3，月最高要达到 40 万 m^3，日最高应达到 2 万 m^3 以上。经过对施工手段的多方案比较分析，在充分论证的基础上，决定选用以塔式皮带机连续输送浇筑为主，辅以大型门塔机和缆机的综合施工方案。

为保证塔带机浇筑混凝土一条龙正常运行，需建立一个组织严密、运行高效、信息反馈及时的仓面组织管理系统，主要包括综合协调、浇筑、操作等系统：①综合协调系统：对混凝土一条龙施工提供技术、质量、安全、机电设备保障，确定拌和楼、浇筑手段及开仓时间，协调浇筑过程中出现各种矛盾，组织处理突发事情；②浇筑系统（仓面指挥）：仓面指挥由浇筑队长担任，负责浇筑仓面的组织指挥，对仓位的要料、下料、平仓振捣、温控、排水等负责，确保混凝土浇筑质量；③操作系统：由调度室负责组织、协调，确保各操作系统正常运行，拌制合格的混凝土，并使混凝土准确、快速入仓。

3）数字化施工。数字化施工技术将信息技术与仿真技术相结合，以工程施工全过程实时监控为入手，达到解决质量控制难题的设想，创造性地提出并开发了填筑碾压质量实时监控技术、坝料上坝运输过程实时监控技术、大坝施工信息实时采集技术、网络环境下的数字大坝集成技术。用 GPS 卫星、GSM 网络、GPRS 定位、计算机集成及网络系统等，替代原有的人工控制手段，使工程施工的全过程质量实现实时、在线、自动、高精度的监控。无论是不同种类坝料的运输、装卸，还是坝面碾压机械的行进速度、激振状态、填筑施工仓面的碾压遍数、铺填厚度，都可通过这个系统实现全面、实时、自动、高精度监控。该项创新的一大特点就是施工质量的高标准控制，很少甚至无需返工，工期也相应缩短。

开发研制混凝土生产、运送、浇筑计算机综合监控系统，实现混凝土施工全过程的实时监控、动态调整和优化调度。针对混凝土浇筑的复杂状况，对施工方案和施工计划进行科学的选择和合理安排，突破传统的经验判断模式，成功地开发混凝土施工计算机技术。

1.2　施工规划依据和原则

（1）施工规划依据。施工规划依据主要包括：国家、各部委及各级业务主管部门和地方颁发的有关法律、技术规范、规程、规定及定额，设计技术要求、图纸、招投标资料，有关合同文件，以及其他工程资料和过去类似工程的经验资料。施工规划应力求先进、科学，考虑可能实现的技术组织措施和目前国内外可能达到的施工水平、施工设备和施工技术能力。

施工规划还应熟悉与工程施工规划有关的市场信息，当地城镇现有修配、加工能力，生活、生产物资和劳动力供应条件，居民生活、卫生习惯。以及工程所在地区和河流的自然条件（地形、地质、水文、气象特征）、施工电源、水质及水源、交通、环境保护、供水等现状和规划。

（2）施工规划原则。严格遵守建设程序和施工程序，执行技术规范和操作规程，按照国家建设计划和技术要求，科学的安排施工顺序，在保证工程质量和施工安全的前提下，按期完成预定的建设目标。

合理配置资源，充分利用各种资源和先进技术手段，就地取材，减少运输量，节约能源，达到高效、优质、低耗的目的。贯彻建筑工业化方针，充分利用施工机械设备，扩大机械化施工范围，提高施工机械化水平。精心规划，节约施工临时用地。并做好建设环境的调查研究和保护工作，防止水土流失。切实做好冬、雨季的施工进度安排，采取特殊措施，力求全年连续、均衡施工。

1.3　施工规划主要内容

（1）施工布置。施工总布置主要根据确定的总进度，研究解决施工红线区域内的空间布置问题，是实施总进度的重要保证，也是验证总进度合理性的关键因素之一。

施工总布置应综合考虑水工枢纽布置、主要建筑物规模、型式、特点、施工条件和工程所在地区社会、自然条件等因素，处理好施工场地布置与环境保护和水土保持的关系，合理确定并统筹规划为工程施工服务的各种临时设施。

施工总布置中临建设施的规模和容量，在满足施工总进度和最大施工强度的前提下，做到可靠、安全、简便、实用；要遵循集中与分散相结合、永久用地与临时用地相结合的原则；达到易于管理、节约用地、调度灵活、方便施工的目的；要满足国家、行业有关规程、规范的要求。

（2）施工进度。混凝土工程施工总进度主要根据合同文件的总工期、节点工期以及各节点工期的考核要求进行编制，要求科学性、合理性、可靠性三者之间的有机结合。

在安排混凝土施工进度时，应分析有效工作天数，大型工程经论证后若需加快浇筑进度，可考虑在冬季、雨季、夏季采取确保施工质量的措施后施工。对控制直线工期的工作日数，宜将气象因素影响的停工天数，从设计日历数中扣减。

目前编制进度、管理进度的工具主要有：①MSP（Microsoft Project，简称 MSP）软件。该软件是国际上享有盛誉的通用的项目管理工具软件，凝集了许多成熟的项目管理现代理论和方法，可以帮助项目管理者实现时间、资源、成本的计划、控制；②P3（Primavera Project Planner，简称 P3）软件。该软件一般应用于大型工程项目的进度编制和管理。根据不同行业的特点，为工程建设行业、政府部门、咨询与服务行业、能源以及高科技等行业量身定做了一系列的项目管理模块；③其他工具。包括 Excel（电子表格）、Mapping Software（制图软件）、Word（文字处理软件）等工具，均可进行施工总进度的编制工作。

（3）资源配置。资源配置主要依据工程特性和施工总进度计划进行规划，是实现总进度、总布置的物质保证，主要包括：设备、材料、劳动力等供应。各类资源配置定额，一般按照我国目前水利水电工程施工"平均先进、并偏上"的水平进行估算。材料的供应是一项比较难以把握的工作，既要保证正常供应、不影响施工，又要避免过量积压、造成资金周转困难。料场、仓库的大小和数量、占地面积、材料堆高、材料的保护、库存时间等因素，对总布置的影响较大，进行施工规划时要给以足够的重视。

（4）浇筑方案规划。混凝土浇筑方案规划应根据枢纽所在区域的自然条件、坝型、水电站形式、导流与度汛、温度控制与灌浆、金属结构安装、施工设备水平及工程经验等综合因素，通过选择合理的施工方案、最优的浇筑设备组合方式和先进的施工工艺进行统筹规划。并与混凝土生产、运输、浇筑、养护和温控措施等各施工环节衔接在一起，以提高综合生产效率，满足约定的生产进度和质量等要求。

（5）质量管理规划。主要规划内容有：①制定质量管理目标；②建立健全质量管理体系和相关机构，配备符合规定资质的质量管理人员；③制定质量控制标准和措施。

（6）安全与环保规划。主要规划内容有：①制定安全与环保管理目标；②建立健全安全与环保保证体系和组织机构，配备符合规定资质的安全与环保管理人员；③制定安全与环保控制标准和措施。

（7）信息化管理规划。混凝土施工过程信息管理平台的建设，主要对施工现场实际工程实时数据进行采集、分析、预警反馈，并形成完整的工程数字化档案，为后期工程完工和移交提供帮助。

水工混凝土工程建设需要对工程信息化平台的建设方案进行整体规划。主要规划内容包括：计算机网络与硬件设施的建设规划和软件业务功能规划。

2 施工布置规划

2.1 交通布置

水利水电工程施工交通布置规划结合工程所在地附近国家交通干线或地方支线以及港口、码头的基础上，把外来物资经过专用线路运往施工工地，通常将水利水电工程施工交通规划分场外交通和场内交通。交通运输能力应与工程高峰期物资需求量相适应，否则将制约工程进度，影响整体施工规划。

2.1.1 场内交通

（1）布置原则。场内交通应根据分析计算的运输量和运输强度，结合地形、地质条件和施工总布置进行统筹规划。规划时要合理利用原有地方交通公路和国家（或地方）公路相结合的场内干线公路，新建、改扩建公路技术标准除应满足国家公路工程有关标准的规定外，还应符合水工混凝土施工对场内交通的各项技术经济指标。

场内交通应根据工程环境、水文气象、工程地质资料、施工需要、运输强度、荷载和运输设备等条件，经技术经济比较后进行设计。在满足施工运输要求的前提下，场内道路布置应根据道路里程、工程量、造价、运行维护费用及主要物流方向等因素综合比较确定。

干线公路及其构筑物的设计标准应满足施工期主要车型、运输强度及重大件运输的要求。非主要运输线路上临时道路，如施工期上坝道路、下基坑道路、联系施工支洞和作业面及工区间的交通量较小的临时道路等，地形、地质条件受到限制时，在满足运输安全和施工要求的前提下，其部分技术指标可适当降低。地形陡峻、场地狭窄及边坡开挖稳定问题突出的工程，场内交通布置宜优先考虑隧洞方案。场内施工道路的施工，应积极采用新技术、新工艺、新材料、新设备。

场内交通应以公路运输方式为主，部分专用物资的运输经过技术经济比较，也可采用其他运输方式。并以便捷的方式与对外交通衔接。场内永久公路及主要干线公路的防洪标准应符合现行有关标准要求；场内主要施工临时道路的防洪标准应不低于施工场地的防洪标准。施工交通运输系统应设置安全、交通管理、清洁、维修、保养等专门设施及人员，满足安全、环境保护等要求。

（2）道路标准。场内施工道路可包括场内公路、隧道和桥涵等，场内公路应保持路基稳定、道路畅通、路面整洁、设施及标志齐全，应满足安全、环境保护等要求。道路的设计与施工按照《水电水利工程场内施工道路》（DL/T 5243）技术规范执行。隧道和桥涵设计的施工可参照相应专业规范，如《水工隧洞设计规范》（DL/T 5195）、《公路桥涵设计通用规范》(JTG D60)、《公路钢筋混凝土及预应力混凝土桥涵设计规范》(JTG D62)、《公路圬工桥涵设计规范》(JTG D61)等。水电工程场内公路的主要技术指标见表 2-1、水电工程场内非主要公路技术指标见表 2-2。

表 2-1 水电工程场内公路主要技术指标

项 目			等 级			说 明
线路等级/等			一	二	三	
年运量/(1×10 万 t)			>1200	250~1200	<250	
行车密度/(辆/单向小时)			>85	25~85	<25	
计算行车速度/(km/h)			40	30	20	
最大纵坡/%			8	9	9	在工程特别困难路段可增加 1%,三级公路个别路段可增加 2%,但在积雪严重及海拔 2000m 以上地区不应增加
最小平曲线半径/%			45	25	15	
不设超高的平曲线半径/m			250	150	100	
视距/m	停车		40	30	20	
	会车		80	60	40	
竖曲线最小半径/m	凸形		700	400	200	
	凹形		700	400	200	
双车道路面宽度/m	车宽分类/m	一 2.3	7.5	7.0	6.5	当实际车宽与计算车宽的差值大于 10cm 时,应适当调整路面的宽度
		二 3.0	8.5	8.0	7.5	
		三 3.5	9.5	9.0	8.5	
		四 4.0	10.5	9.5	8.5	
		五 4.5	12.0	11.5	11.0	
		六 5.0	15.0	14.0	13.0	
		七 6.0	19.0	18.0	17.0	
		八 7.0	22.5	21.5	20	
单车道路面宽度/m	车宽分类/m	一 2.5	4.0	4.0	3.5	
		二 3.0	4.5	4.5	4.0	
		三 3.0	5.0	5.0	4.5	
		四 3.5	6.0	6.0	5.5	
		五 4.0	7.0	7.0	6.0	
		六 5.0	8.5	8.5	7.5	
回头曲线	计算行车速度/(km/h)		25	20	15	1. 特别困难时一级、二级公路回头曲线各项指标可适当降低,但分别不能低于二级、三级公路。无挂车运输时,最小平曲线可采用 12m;
	平曲线最小半径/m		20	15	15	
	超高横坡/%		6	6	6	
	双车道路面加宽值/m	轴距加前悬/m 5	1.3	1.7	1.7	2. 单车道路面加宽值,应按表列数值折半;
		6	1.8	2.4	2.4	3. 表中轴距加前悬为 7m、8m、8.5m 的双车道路面加宽值是按表列最小平曲线增加一个相应的计算车宽值后算的,但括号内的数值仍按表中最小主曲线半径算的
		7	(2.5)/2.0	(3.3)/2.5	(3.3)/2.5	
		8	2.5	3.0	3.0	
		8.5	2.7	3.3	3.3	
	最大纵坡/%		3.5	4.0	4.5	
	停车视距/m		25	20	15	
	会车视距/m		50	40	30	

表 2-2　　　　　　　　　　　　　水电工程场内非主要公路技术指标

项目		指标	说明
路面宽度/m	双车道	6~12	1. 车间引道宽度，可与车间大门相适应； 2. 一条道路可根据使用任务分段采用不同的路面宽度； 3. 当路面宽度12m尚不能满足使用要求时，可根据具体情况及车辆宽度增加； 4. 运输繁忙，经常通行大型车辆（车宽大于2.5m），行人及混合交通量大的项目，采用上限值，反之采用下限值
	单车道	3~4.5	
计算行车速度/(km/h)		15	
最大纵坡/%		10	1. 在条件受限时，最大纵坡可增加6%； 2. 专供运输易燃、易爆危险品的道路最大纵坡，不宜大于8%
最小平曲线半径/m	行使单辆汽车	9	1. 车间引道的最小转弯半径，不少于6m； 2. 通行20t以上平板拖车的道路最小平曲线半径可根据实际需要采用； 3. 表中平曲线半径均指路面内边缘最小转弯半径
	汽车带一辆拖车	12	
	12~15t平板拖车	15	
	40~60t平板拖车	18	
视距/m	会车视距	30	
	停车视距	15	
	交叉路口停车视距	20	
竖曲线最小半径/m	凸形	100	
	凹形	100	

注　仅供设备临时通行的便道，不受表中数据限制，应根据相关技术参数确定。

场内交通设置公路隧洞应符合下列要求：①隧道建筑限界应满足场内各种施工车辆及施工机械的运输要求，有重大件通过，还应满足重大件运输对建筑限界的要求；②隧道纵坡应在 0.3%~0.5% 范围内选择，特殊情况可放宽至 6%；非主要公路上的隧道纵坡不宜超过 9%，相应限制坡长 150m，局部最大坡度应不大于 15%；③隧道横断面设计除应符合隧道建筑限界的规定外，还应考虑洞内排水、通风、照明、消防等附属设施所需要的空间。

场内交通的一般性附属设施（如消防、供电、照明以及生产、生活用房等）应统一规划，专业性附属设施（如铁路机车、车辆检修、保养场、车站站场等）应按有关专业标准设计。

场内跨河设施（如桥梁、渡口、带式输送机、栈桥等）的位置应结合枢纽工程及其他永久工程、导流工程等布置进行选择，宜在河道顺直、水流稳定、地形地质条件较好的河段，必要时进行水工模型试验验证。通航河流的桥下净空应满足《内河通航标准》（GB 50139）的规定。

2.1.2　场外交通

水利水电枢纽工程总体布置规划前需综合考虑工程建设所需物资、设备资源的运输场外交通衔接规划，规划的交通网络线应做到方便、快捷、经济。

场外交通应充分考虑当地交通网络，并结合水路运输、铁路运输、公路运输与航空运输的相互组合，通常采用水路、铁路和公路三者组合运输，其中水路运输应结合水文资料综合考虑河流在各个季节的运行承载能力、货运码头的装卸能力以及航运的要求。铁路和公路物资运输时除考虑所通过公路和桥梁的承载能力，还应考虑车站的配套设施是否满足要求。工程所需一般小件、急件可考虑航空运输。在规划和使用场外交通时，除应满足国家交通管理部门的规定外，还应做好与各管辖权交通管理部门的联系和配合。

在场外各运输手段之间衔接或场外交通与场内交通之间衔接时，可能会存在中转仓储的问题，一般可利用社会上配套的仓储设施进行中转储存，特殊情况下可建设仓库设施。仓储的装卸搬运设备、保管设备、存货用具、计量设备、养护设备、通风保暖照明设备、消防安全设备以及劳动防护设备等应满足物资的仓储要求。

2.2　砂石骨料加工系统

砂石骨料加工分为天然砂石骨料加工及人工砂石骨料加工。其系统由砂石开采、加工、堆存等部分组成。多数河流上都有天然砂石骨料，只要将采集的砂砾石进行筛选和加工，便可作为混凝土的粗、细骨料。人工骨料采用机械的方法将岩石破碎加工成人工砂石料作为混凝土的粗、细骨料。

在水利水电工程中，粒径大于 5mm 的为粗骨料，小于 5mm 的为细骨料，国内现行规范将粗骨料分成 150～80mm、80～40mm、40～20mm、20～5mm 四级，分别称特大石、大石、中石和小石。细骨料按其细度模数 F.M 可分为粗砂（F.M＝3.7～3.1）、中砂（F.M＝3.0～2.3）、细砂（F.M＝2.2～1.6）和特细砂（F.M＝1.5～0.7）四种。

砂石骨料加工系统规划的一般要求及原则：①砂石骨料加工系统应根据各种成品需求比例和结合系统试运行报告，固化砂石系统的生产运行工况，编制生产作业指导书；②依据骨料需求计划，结合工程施工控制性进度编制年、季、月生产计划；③砂石系统运行应在综合考虑节能降耗，降低系统运行成本的前提下，按设计生产能力均衡生产；④砂石骨料系统车间宜按加工环节并有利系统运行管理的原则划分布置。

砂石骨料系统运行应制定统一的生产联络信号，不应随意调整。开机前必须确认人员、设备安全，运行、维护结束后应做到工完场清。砂石骨料系统遭遇六级及以上强风、大雨、大雪、低能见度等天气情况下应限制或停止运行。

2.2.1　料源规划

砂石骨料料源分为天然砂石骨料和人工砂石骨料两类。天然砂石骨料料源按其地理位置分为陆上料源、河滩料源、河心料源。人工砂石骨料料源分为岩石开采料和开挖利用料两种，混凝土工程砂石骨料料源可选择建筑物开挖料或天然砂砾料或石料场开采料，也可选择三种不同料的组合。料源规划的主要内容有：原料开采量计算、料场的评估、料场的选择等。

（1）料源选择的原则。料源选择应根据混凝土工程建设对砂石骨料的数量、质量和供应强度等要求，在地质勘察和试验的基础上，通过对料源的分布、储量、质量及开采运输条件的综合分析和料物平衡规划，按优质、经济、就近取材和不占用或少占用耕地的基本原则，经经济比较选定料源。

天然料源选择应遵循以下原则：①储量、质量满足工程建设需要，开采运输条件好；②位于坝址上游的料场，需研究围堰或坝体挡水前先行开采的可行性和经济性。位于坝址下游附近的料场，需考虑建设期间河道水流条件的变化，以及料场储量、砂石级配和开采运输条件变化的情况；③对于有航运要求的河段或水域，河滩料场、水下料场开采应向当地交通、海事、水利等部门备案，并获得相关许可。作业时应设置航道浮标，水域较窄的河段，还应与当地相关部门配合，采取定时通航等措施予以解决；汛后应对航道进行复查，重新标记；④天然砂砾料场应在每年汛后重新编制开采运输规划，并结合开采运输规划对在汛期被淹没且毁坏的开采运输道路进行恢复，汛后应对汛期淤积的覆盖层重新剥离。

人工砂石料场选择应遵循以下原则：①储量、质量满足设计要求及工程建设需要，开采运输条件好，剥采比小，弃料少；②避开自然、文物、重要水源等保护区，不占或少占耕地；③优先利用开挖料。

（2）原料开采量计算。砂石原料开采量主要与混凝土工程量、料源的性质及加工运输条件等有关，其用量可按式（2-1）计算。对于天然砂石骨料，由于级配不平衡，还应考虑弃料影响，其开采量可按式（2-2）计算。

$$Q_d = Q_{mc} A \left(\frac{1-\gamma}{\eta_1} + \frac{\gamma}{\eta_2} \right) \quad\quad (2-1)$$

$$Q_d = \frac{Q_{mc} A \left(\dfrac{1-\gamma}{\eta_1} + \dfrac{\gamma}{\eta_2} \right)}{1-\theta} \quad\quad (2-2)$$

式中　Q_d——原料开采量，t；

　　　Q_{mc}——全工程混凝土总量，m^3；

　　　A——混凝土骨料用量，无试验资料时一般取 2.15～2.2t/m^3；

　　　γ——平均砂率，一般大体积混凝土取 0.25～0.3，薄壁和地下工程取 0.3～0.35；

　　　η_1——毛料加工成粗骨料的成品率，根据原料和加工工艺选定，一般取 0.85～0.95；

　　　η_2——毛料加工成细骨料的成品率，根据原料和加工工艺选定，一般取 0.55～0.75；

　　　θ——弃料量占原料量的百分比。

（3）料场评价。料场评价主要从储量、质量、级配、剥采比、有用层厚度、开采运输条件、环境条件及设置加工厂的场地条件等方面进行综合分析评价。

1）料场的储量。料场的储量有勘探储量、可采储量、选定料场的可采储量和需要储量四类。

A. 勘探储量。按我国现行水利水电工程天然建筑材料勘探规程，勘探储量为圈定范围内有用层的埋藏量，即已扣除无用层、有害夹层、风化层、上覆无用层，以及边缘带厚度为 0.2～0.3m 的有用层储量。初查阶段，料场勘探储量应大于设计需要量的 3.0 倍；详查阶段，料场勘探储量应大于设计需要量的 2.0 倍。

B. 可采储量。按可开采条件和设备的技术性能可能开采的储量。

根据地形图和现场查勘估算时，其可采储量按式（2-3）计算：

$$Q_p = P(eV_s - V_f)\rho_n \qquad (2-3)$$

式中　Q_p——可采储量，t；

　　　V_s——包括无用层在内的料场总容量，m^3；

　　　V_f——无用层容量，m^3；

　　　e——计算误差，地形图比例尺寸为 1/1000～1/20000 时取 0.90～0.95；小于上述比例尺时为 0.80～0.85；

　　　ρ_n——天然密度，无实测资料时，岩石取 2.50～2.70t/m^3，砂砾料取 1.90～2.0t/m^3，纯砂取 1.40～1.45t/m^3；

　　　P——可采率，采石场和陆上砂砾料场取 0.75～0.85，河滩和水下料场取 0.6～0.7。

C. 选定料场的可采储量。除满足工程需要储量外，还应留一定的裕度备用，包括勘探的可能误差和需要用量的增加。

初查阶段，选定料场的可采储量应大于设计需要量的 2.0 倍；详查阶段，应大于设计需要量的 1.5 倍。可行性研究阶段，应不小于需要量的 1.5 倍，初设阶段，应不小于 1.25 倍。

D. 需要储量。需要储量按式（2-4）计算：

$$Q_n = Q_d K_L \qquad (2-4)$$

式中　Q_n——需要储量，t；

　　　Q_d——砂石原料的总开采量，t；

　　　K_L——开采损耗补偿系数，见表 2-3。

表 2-3　　　　　　　　　　　　开采损耗补偿系数 K_L

开采条件	采石场	砂砾料场
水上	1.02～1.05	1.02～1.05
水下		1.05～1.10

2）质量。料场砂石料源的质量情况主要考虑物理性能、化学稳定性、有害物质的含量等指标。一般应符合下列要求：①应符合《水工混凝土施工规范》（DL/T 5144）和《水工碾压混凝土施工规范》（DL/T 5112）对砂石质量的有关规定。当原料中某些质量指标不符合规定，但经过适当加工处理后可满足要求时亦可选用。②有碱活性的骨料应尽量避免使用。但采用低碱水泥或掺粉煤灰等掺合料，经试验证明对混凝土不导致产生有害影响时，亦可选用。③对于风化岩体，当风化不影响单颗石料的物理力学性能和化学稳定性，并满足质量要求时，亦可选用。④当采用节理裂隙发育，特别是节理发育的岩体作骨料，应进行有关试验，验证骨料能否满足质量和粒径的要求。⑤破碎后骨料针片状含量超过规范规定的石料不宜采用，必须使用时，应采取改善骨料粒形的工艺措施。⑥人工骨料原料的质量要求应满足《水电水利工程天然建筑材料勘察规程》（DL/T 5388）。

3）级配。砂石骨料的级配直接影响混凝土的性能及水泥用量。人工骨料经试验论证后选用最优级配组合生产；天然砂石骨料因料场的形成条件及位置不同，其粒度差别较大，但由于级配的不均衡常有大量弃料产生。为了兼顾减少弃料和节约水泥用量，可采取工艺措施调整级配。

4) 剥采比。剥采比是判断一个料场开采价值的重要指标。一般天然砂石骨料的剥采比控制在 0.2 以下，人工砂石骨料的剥采比控制在 0.4 以内。剥采比指标可供粗略判断料场优劣时参考，见表 2-4。

表 2-4　　　　　　　　　　　　剥采比 η_c 的范围

评 价	砂砾料场	采 石 场
优	<0.1	<0.15
中	0.10~0.20	0.15~0.40

5) 有用层厚度。有用层厚度也是评定一个料场开采价值的重要指标。好的料场一般有用层厚度大、料区集中、相对占地少、剥采比小、开采设备的作业效率高。天然砂石料场的有效料层厚度一般应大于 3.0m 以上，人工砂石料场的有用层厚度一般应大于 12m 以上。对于有用层厚度较小的料场，经过技术经济论证后，方可考虑是否开采利用。

6) 开采运输条件。采料场内部运输，运距较短的采装工作面，以采装和运输相结为宜。根据经验：运距在 30~40m 以内以推土机兼作采运为宜；100~120m 以内以装载机兼作采（装）运为宜；超过 120m 要考虑采用其他运输方式。

7) 设置骨料加工厂的场地条件。骨料加工厂的场地条件对料场的规划有重大影响。如果料场和混凝土生产系统的距离较近，场地条件允许，砂石加工和混凝土生产系统宜布置在一起。大中型工程的天然砂石料场常距混凝土生产系统较远，为提高采运设备的效率，减少弃料运输，加工系统一般设在主料场。如主料场的砂石级配好，弃料少，辅助料场至混凝土生产系统的距离又较主料场近，且在同一运输线上，也可将加工系统设在辅助料场。

2.2.2 料场开采规划

(1) 料场开采规划原则。合理规划使用料场，采取措施提高料场开采率。在满足施工强度要求的前提下，尽量采用机械化集中开采，配置采、挖、运设备。位于坝址上游的料场，应考虑施工期围堰或坝体挡水对料场开采和运输的影响。受洪水或冰冻影响的料场应有备料、防洪等措施。

天然砂砾料场开采应根据料场的水文特性、地形条件、天然级配分布状况、料场级配平衡要求等因素，确定料场开采时段、开采分层、开采程序和开采设备。汛期或封冻期停采时，应按停产期砂石需用量的 1.2 倍备料。有航运要求的河段应考虑料场开采对通航的影响，并应采取保证通航的措施。采用采砂船采集砂砾石需考虑设备进、退场方案，应合理选择开采水位、开采顺序和作业线路，创造静水和低流速开采条件，减少细砂与砾石的流失量。如开采过程中细砂流失导致砂料细度模数增大，应采取措施回收细砂。

石料场宜采用微差挤压梯段爆破法开采，开采石料最大粒度应与挖装和破碎设备相适应。利用工程开挖料时，其开挖方法应满足工程开挖和利用料开采的要求。料场开挖边坡应保持稳定，对边坡失事影响施工安全或永久建筑物运行和人身安全的料场，应采取保证边坡稳定的安全措施。料场开挖边坡的级别与抗滑稳定分析的最小安全系数标准，按《水电枢纽工程等级划分及设计安全标准》（DL 5180—2003）的规定执行。需进行开挖边坡支护的料场，宜分台阶开挖，及时支护。料场开采要符合施工安全、环境保护和水土保持要求。

（2）采用能力的计算。采用能力的计算是料场开采组织及选择采运设备的基本依据，采用能力取决于料场的工作制度和砂石骨料的需要量。料场开采的工作制度按表 2-5 选取。

表 2-5   采 料 工 作 制 度

月工作日数/d	日工作班数/班	日有效工作小时/h	月工作小时数/h
25	2	14	350
25	3	20	500

年工作月数，应根据料场所在地区的水文、气象和施工条件，具体研究决定。①全年生产。人工砂石料场和不受洪水、冬季冰冻影响的陆上砂砾石料场，可按生产需要组织全年生产；②季节性生产。天然砂石料场因受洪水或冰冻影响不能全年开采，通过分析水文、气象资料结合开采措施确定。

（3）开采范围的确定。开采范围主要与砂石原料的开采量、料场的地形、地质条件、周围建筑物的情况、周边自然环境条件、水文气象条件等有关。确定料场的开采范围，其目的在于研究开采方法、确定开采运输方式、道路布置、弃渣场地、加工厂及其他附属设施的布置，以及标定征地范围。

开采范围的确定应遵循如下原则：①开采范围内的总开采储量，应根据不同的勘探精度和需要储量来确定，并考虑一定的备用量；②在开采范围内，避免布置生产和辅助建筑物。但备用范围内的场地，必要时可布置临时性建筑物；③开采范围与国家公路、铁路、工厂、居民区及重要建筑物之间应保持必要的安全距离；④采料场必须具有安全稳定的最终边坡，并满足环境保护的要求。对于河滩或河心料场，采挖后河床的水流条件，以不影响航运、岸坡稳定和下游安全为原则。

（4）覆盖层的剥离。在料场开采作业中，为保证有用层毛料的质量，必须先把覆盖层剥离干净，覆盖层的剥离作业应严格按"先覆盖，后毛料"的原则组织施工。

（5）分层与分区原则。①保证开采和运输线路的连续性；②将覆盖层薄、料层厚、易开采、运距近的料场安排在工程的高峰施工时段开采。备用料场应留在远处；③对于陆基水下开采的河滩料场，可将洪水位以上的料层留待汛期开采。枯水期集中开采洪水位以下天然料为原则；④河滩和河心水下料场的分区注意避免汛期冲走料层；⑤料区的开采计划宜做到各个时期的级配平衡；⑥分区一般按年度（或特定时段）的需要量和级配进行分区规划，一般只在天然料场进行分区。

2.2.3 骨料加工系统布置

2.2.3.1 骨料加工厂布置

（1）厂址选择原则。厂址选择应根据料场、混凝土生产系统所在位置，并结合选用厂址的地形、地质、水文、交通运输、供水、供电等条件。进行多方案技术经济比较后，确定合适的厂址。厂址选择主要原则：①厂址一般设在料场（包括开挖利用料）附近，多料场供料时，宜设在主料场附近，经论证亦可分设砂石加工系统；②厂址应避开爆破危险区，安全距离应符合有关标准规定；③砂石利用率高、运距近，且场地有条件布置时，砂石加工系统可设在混凝土生产系统附近，并与混凝土生产系统共用成品堆场；④充分利用地形地势，使之与加工流程相适应，使破碎后的物料能自流或半自流；⑤厂址应避开较大的断层、滑坡和泥石流区，重要的车间和设施的基础应稳定并有足够的承载能力；⑥大中型砂石加工厂，厂址应设在20年一遇的洪水位上；⑦厂址宜靠近交通运输道路、水源和输电线路；⑧厂址远离城镇和居民生活区，必须在城镇和居民生活区附近设厂时，应布置在主导风向的下风侧，并保持必要的防护距离和采取防护措施，减少噪声和粉尘的影响。

（2）加工系统及各车间布置原则。

1）总平面布置应遵循的主要原则：①根据工艺流程特点，做到建设快、指标先进、投资省、运行可靠、生产安全并符合环境保护要求；②集中紧凑，并留有一定余地，以利于运行与维护。应合理利用地形地势，为物料自流运输创造条件，并尽量简化内部物料运输环节；③各车间和附属设施应结合对外和厂内运输道路进行布置。粗碎车间靠近料场来料方向，成品料场宜靠近混凝土生产系统布置；④辅助车间应尽量靠近服务对象，水电设施宜靠近主要用户布置。

2）各车间布置应遵循的基本原则：①有一定的灵活性，既能提前形成生产能力，满足施工前期砂石料需要，又可以及时调整生产方式，适应原料粒度变化及不同骨料级配要求；②设备配置根据流程要求，对砂石原料岩性波动有足够的适应性，避免骨料级配失调，减少超逊径；同一作业的多台相同规格的设备，尽量对称或同轴线布置在同一高程，设备间距满足安装、操作、维修等要求；③除寒冷地区外，破碎、筛分、制砂车间可露天设置，但电器设备应做适当保护。成品砂堆料场有脱水要求，需增设防雨棚。

3）粗碎车间布置。①一般宜靠近主料场布置，但须留有足够的安全距离。大、中型旋回破碎机，可直接采用入仓挤满给料方式，机下设缓冲料仓，其活容积不宜小于两个车厢的卸料量。小型旋回或颚式破碎机，采用连续给料方式，配置重型板式给料机、振动给料机或槽式给料机；②破碎机受料仓的大小应根据卸料方式、每次卸料量、来料间隙时间等因素确定，一般可考虑相当于15~30min的处理量或50~100t的储存量。大型破碎机可采用15~20min的处理量，但不得小于两个车厢的卸料量；小型破碎机是否设置受料仓，其容量多少，视具体情况确定；③粗碎车间的超径石处理可配置必要的起吊、挖掘设备，或配置破碎锤；④粗碎车间的配置高差根据具体选定的设备确定，粗碎车间设备配置高差见表2-6。

表2-6 粗碎车间设备配置高差

选用机型	配置高差/m	选用机型	配置高差/m
PX1200旋回破碎机	18~20	1200×1500颚式破碎机	12~14
PX900旋回破碎机	15~17	900×1200颚式破碎机	10~12
PX7200旋回破碎机	12~14	600×900颚式破碎机	9~11
PX500旋回破碎机	6~9	400×600颚式破碎机	8~10
1500×2100颚式破碎机	14~16		

4）中细碎车间布置。①粗碎、预筛分和中碎开路生产时，可将预筛分机组和中碎机按阶梯配置。如地形高差允许，还可与粗碎车间或其调节料仓布置在一起；②中、细碎与筛分楼构成闭路生产，宜将中、细碎设备并列布置在一个车间内；③中、细碎车间一般不设调节料仓，当破碎机多于2台，或中细碎机前后分两个系统单独运行时，需设调节料仓。调节料仓的容量在中碎机前为破碎机10～15min的用量，在细碎机前为破碎机15～20min的用量。调节料仓和中碎机组之间需设给料机，一般选惯性振动给料机、槽式给料机或胶带给料机；④不设调节料仓的情况下，一般用带式输送机直接供料；⑤车间一般不配固定式的起吊设备，检修可用移动式起吊设备。安装3台以上中、细碎机的车间可设梁式起重机，起重机规格根据检修时需要最大部件的重量确定；⑥中、细碎车间进料的带式输送机上需设置除铁装置，防止铁件进入破碎机；⑦车间配置高差根据具体选定的设备确定。

5）筛分车间的布置。筛分车间分为预筛分车间、分级筛分车间和检查筛分车间三类。

筛分机布置有混列式和复列式两种。前者系将筛子分设在两个或几个地方，后者则将所有筛子自上而下布置在一座多层楼房内，厂内运输完全靠物料自重自流，在国内水利水电工程应用最多。筛分结构可采用钢筋混凝土和钢结构。后者拆装方便，可重复使用，土建工程量少，缺点是钢材用量多，容易锈蚀，运转时振动和噪声较大。

筛分车间布置基本原则：①需设置地面调节料仓，仓下用振动给料机和槽式给料机给料。料仓的储量为4～8h的处理量。如筛分楼内设置三列以上筛分机时，可在楼顶设置分配仓，分配仓的储量至少满足10～20min的处理量，也可以由带式输送机直接进筛，需通过技术经济比较确定；②地面调节料仓一般用带式输送机直接向筛分机供料，最好一条带式输送机只供一台筛子用料。供两台时，常用分岔溜槽供料，溜槽末端宜尽量展宽（宽度较筛宽小150～200mm）。筛分机进料不能直接冲向筛网；③筛分机布置高度（进料带式输送机与地面的高差）应满足筛上产物重力自流排料的要求。单筛为7～8m，双筛为15～16m；④两台以上的筛分设备应对称布置。在传动系统一侧，人行道宽不小于1.2m。另一侧不小于0.8m，两台筛子中间通道宽一般不小于1.0～1.5m；⑤筛分车间应根据冲洗水量和螺旋洗砂机的溢流粒径确定是否配置浓缩设备。一般可不用配置浓缩设备。螺旋洗砂机既可布置在筛分楼内底层，亦可布置在筛分楼的外部；⑥筛分车间运行时噪声大，冲洗水溢流现象也很突出，每层需设置隔声的操作监视室，楼面应设有良好的防漏和排水措施。

6）制砂车间的布置。制砂车间布置原则：①制砂车间可单独采用棒磨机或超细碎圆盘破碎机、立轴式冲击破碎机，也可联合制砂；②应设中间料仓，并有8～16h的生产储备量，当制砂与破碎、筛分作业工作制度相同时取小值，反之取大值。料仓下配置给料机，常用圆盘、胶带和电磁振动给料机。如采用棒磨机制砂，车间布置应考虑加棒方便。采用超细碎圆盘破碎机或立轴式冲击破碎机制砂时，应与筛分设备构成闭路，并保持给料粒度、给料量的连续和稳定。多雨地区，料仓上方设防雨棚；③采用棒磨机制砂时，车间高差需11m，棒磨机两端进料和加水量应保持均衡稳定，在带式输送机出料口设分岔溜槽，并在分岔溜槽上设置格式或摆式分料器分料；在给水管上加装流量计，并设专用的恒压水池；④采用超细碎圆盘破碎机或立轴式冲击破碎机制砂时，高差需8～9m；⑤车间需配置相应的洗砂机，如采用超细碎圆盘破碎机或立轴式冲击破碎机制砂时，还需设检查筛，与制砂设备形成闭路。洗砂机设在检查筛下；⑥车间内一般不配置固定的检修用起吊设备。采用棒磨机制砂时，为清理断棒和补加钢棒，可设加棒装置，并设置备用钢棒和断棒的堆存池；⑦制砂车间的废水浑浊度高，排水沟的坡度应达到2%～5%。

2.2.3.2 生产规模

（1）砂石加工系统生产规模按毛料处理能力划分为大型、中型、小型，划分标准见表2-7。

表 2-7　　　　　　　　　　砂石加工系统生产规模划分标准

类　型	砂石加工系统处理能力/(t/h)
大型	>500
中型	120～500
小型	<120

（2）规模计算。砂石骨料的生产规模一般以月设计处理能力和小时处理能力表示，应根据混凝土需用骨料量及砂石骨料加工、运输、储存损耗补偿系数进行计算。

人工砂石骨料加工厂的规模计算如下：

A. 确定混凝土高峰月浇筑强度 Q_{mc}，当混凝土连续高峰时段不大于3个月，取混凝土高峰时段月平均强度；当混凝土连续高峰时段大于3个月时，还应计入相应的不均匀系数，对应取值范围为1.1～1.3。

B. 成品砂石料月需用量 Q_1 可按式（2-5）计算。

$$Q_1 = Q_{mc}A \qquad\qquad (2-5)$$

式中　Q_1——成品骨料月需用量，t/月；

　　　A——混凝土需用骨料用量，无资料时取 2.15～2.20t/m³；

　　　Q_{mc}——混凝土高峰月浇筑强度，m³/月。

C. 计算月设计处理能力 Q_m 可按式（2-6）计算。

$$Q_m = Q_1\left(\frac{1-\gamma}{\eta_1}+\frac{\gamma}{\eta_2}\right) = Q_{mc}\left(\frac{1-\gamma}{\eta_1}+\frac{\gamma}{\eta_2}\right) \qquad (2-6)$$

式中　Q_m——月设计处理能力，t/月；

　　　γ——砂率；

　　　η_1——粗骨料加工成品率；

　　　η_2——细骨料加工成品率。

D. 计算小时设计处理能力 Q_h 可按式（2-7）计算。

$$Q_h = \frac{Q_m}{MN} \qquad\qquad (2-7)$$

式中　Q_h——小时设计处理能力，t/h；

　　　Q_m——月设计处理能力，t/月；

　　　M——月工作日数，一般取 25d；

　　　N——日工作小时数，二班制 14h，三班制 20h。

砂石加工系统宜采用二班制，混凝土浇筑高峰月可按三班制工作。粗碎或超径处理工作班制应与石料场开采作业相一致。

（3）天然砂石骨料加工厂规模计算，天然砂石骨料加工规模参照人工砂石骨料计算方法，如有弃料，应计入弃料量，按式（2-8）计算：

$$Q_{mu} = \frac{Q_m}{1-\theta} \qquad (2-8)$$

式中　Q_{mu}——天然砂石料加工厂有弃料时的月处理能力，t/月；

　　　Q_m——人工砂石骨料月处理能力；

　　　θ——弃料量占原料量的百分数。

（4）各车间的设计处理能力。各车间的设计处理能力根据砂石加工厂的小时处理能力和选定的工艺流程计算得出。

2.3　混凝土拌和系统

水利水电工程，一般都具有混凝土工程量较大、浇筑速度快、施工强度高且质量要求严格等特点。要生产大量品质优良的混凝土，必须采用高度自动化、机械化的设备完成。

混凝土拌和楼（站）是一种生产新鲜混凝土的大型机械设备，它能将组成混凝土的水泥、粗细骨料、外加剂和掺合料等各种原材料，按一定的配合比，自动拌和成塑性和干硬性的混凝土。在国内已建和在建的大、中型水利水电工程中，均设置了一定规模的混凝土生产系统来完成混凝土生产，小型水利水电工程一般采用单台混凝土拌和机组成的混凝土拌和站。

2.3.1　系统规划

混凝土拌和系统规划主要有两方面的内容：一是确定系统布置方式和位置；二是确定系统容量和配套设备。规划应根据工程施工总进度安排，结合各建筑物的特点、施工程序、施工方法、施工强度、工区地质地形条件和原材料供给方式等具体情况进行研究，并选择多种方案进行技术经济比较后确定。

（1）混凝土拌和系统的位置选择。混凝土拌和系统的位置选择，主要依据地形及地质条件确定。布置时充分合理地利用地形特点，尽量减少基础工程量，运输距离短，运输线路顺畅，并考虑建厂时设备堆放及拼装的场地等。

混凝土拌和系统应位于场内主要交通干线附近，符合原材料进料和混凝土出料的运输线路布置要求；布置应靠近浇筑地点，并满足爆破安全距离要求；充分利用高差，缩小系统内各个环节之间的距离。

混凝土拌和系统应布置在施工期设计洪水位以上。位于沟口时，需保证不受山洪、泥石流的威胁。骨料受料仓、卸载站、廊道等地下建筑物，一般应设在地下水位以上。

（2）混凝土拌和系统布置的一般原则。混凝土生产系统布置应统筹兼顾工程前、后期施工需要，避免中途搬迁，与永久建筑物不发生干扰。

混凝土生产系统宜集中布置，在下列条件下可分散布置：①工程规模较大，枢纽建筑物分散且相对独立，混凝土浇筑强度高，考虑工程分标和运行管理要求需分设混凝土系统的工程；②混凝土用料点高差悬殊或坝区两岸混凝土运输线不能沟通，混凝土运距远，运输困难；③砂石料场分散，集中布置时骨料运输不便或不经济。

混凝土拌和楼的地基必须坚实。当一个混凝土拌和系统布置两座或两座以上时，注意拌和楼的组合方式。

多座楼组合布置基本要求是：每座拌和楼最好有独立的出料线，出料线应互不干扰。粗细骨料和胶凝材料从砂石料场和胶凝材料储存库一侧进料。

对于混凝土出机口温度有限制的拌和楼，一般须布置冰楼和制冷车间供冷水、冷风和片冰。冰楼宜紧靠拌和楼的进冰侧布置。

在大、中型水利水电工程中，混凝土拌和系统的胶凝材料现场临时储存一般采用钢制储存罐，其位置需结合胶凝材料卸载方式和拌和楼考虑，从储存罐到拌和楼如采用机械输送，一般水平距离不宜超过100m，气力输送布置比较灵活，水平输送距离可达500m。

混凝土拌和楼粗细骨料堆料场宜布置在地形平坦和排水良好的地段，以便受料和向拌和楼供料。当地形条件不允许时，也可采用钢制料罐或竖井储存骨料。堆料场的活容积一般为3～5d的需要量，在场地困难的条件下，也可减少到1d的需要量。

（3）混凝土拌和系统生产能力确定。混凝土生产能力应满足品质、品种、出机口温度和浇筑强度的要求，小时生产能力应按高峰月强度计算确定，月有效生产时间可按500h计，不均匀系数按1.5取值，并按最大浇筑仓面入仓强度要求校核。

混凝土生产系统规模可按生产能力划分为大型、中型、小型，划分标准见表2-8。

表2-8　　　　　　　　　　　混凝土生产系统规模划分标准

规　　模	小时生产能力/（m³/h）	月生产能力/（万 m³/月）
大型	>200	>6
中型	50～200	1.5～6
小型	<50	<1.5

1）混凝土拌和系统小时生产能力可按式（2-9）计算。

$$Q_h = \frac{K_h Q_m}{mn} \tag{2-9}$$

式中　Q_h——拌和系统小时生产能力，m³/h；

　　　K_h——不均衡系数，一般取1.3～1.5；

　　　Q_m——混凝土高峰浇筑强度，m³/月；

　　　m——每月工作天数，d；

　　　n——每天工作小时数，h。

2）混凝土初凝条件校核小时生产能力可按式（2-10）计算。

$$Q_h \geqslant \frac{1.1 SD}{t_1 - t_2} \tag{2-10}$$

式中　S——最大混凝土块浇筑面积，m²；

　　　D——最大混凝土块分层厚度，m；

t_1——混凝土的初凝时间，h，与所用水泥种类、气温、混凝土的浇筑温度、外加剂等因素有关，在没有试验资料的情况下参照表 2-9 选取；

t_2——混凝土出机后至浇筑入仓所经历的时间，h。

表 2-9 　　　　　　　　　　　　混 凝 土 初 凝 时 间

浇筑温度 /℃	初凝时间/h	
	普通水泥	矿渣水泥
30	2	2.5
20	3	3.5
10	4	4.0

2.3.2 系统选型

一般水利水电工程施工区场地狭窄，混凝土的浇筑强度大，常选用拌和楼作为生产混凝土的主要设备。对于规模较小，生产周期短且分散，以及早期临建工程，常选用拌和站。为了适应大型水利水电工程的需要，近年来我国研制的混凝土拌和楼，总的趋势向大型化、计算机控制全自动化方向发展。

（1）混凝土拌和楼（站）生产能力确定。混凝土拌和楼的生产能力是选型的重要因素。其生产能力必须能满足高峰期的施工强度，并可适应生产多品种混凝土的需要。各类混凝土拌和楼一般条件下的生产能力见表 2-10。

表 2-10 　　　　　　　　　　主要混凝土拌和楼生产能力

拌和楼型号	拌和机容量 /L	标称生产能力 /(m³/h)	生产能力		
			小时/(m³/h)	日/(m³/d)	月/(m³/月)
HL50-2F1000	2×1000	48~60	50	800	16000
HL115-3F1500A	3×1500	108~135	115	1600	34000
HL240-4F3000LB	4×3000	240	240	4000	80000
HL360-4F4500L	4×4500	360	360		

自行设计混凝土拌和楼（站）时，其小时生产能力可按式（2-11）计算。

$$Q_h = \frac{60VNK}{t_1 + t_2 + t_3} \tag{2-11}$$

式中　Q_h——小时生产能力，m³/h；

V——拌和机容量，按出料容量确定，m³；

N——拌和机台数；

K——时间利用系数，一般取 0.85~0.9；

t_1——装料时间，可取 0.25~0.33min；

t_2——卸料时间，可取 0.17~0.33min；

t_3——净拌和时间，对普通混凝土可按表 2-11 取。

表 2-11　普通混凝土净拌和时间 t_3

拌和机出料容量 /m³	最大骨料粒径 /mm	t_3/min		
		坍落度2～5cm	坍落度5～8cm	坍落度大于8cm
0.75	80	2.0	1.5	1.5
1.00	120	2.5	2.0	1.5
1.50	150	2.5	2.0	2.0
3.00	150	3.0	2.5	2.5

（2）混凝土拌和楼的技术性能。目前我国水利水电工程常使用的混凝土拌和楼主要有：HL50-2F1000、HL115-2F1500A、HL240-4F3000LB 和 HL360-4F4500L 等型号，控制方式有半自动，全自动，计算机控制全自动。各种规格型号的混凝土拌和楼的主要技术性能见表 2-12。

表 2-12　混凝土拌和楼的主要技术性能

指　标		拌 和 楼 型 号			
		HL50-2F1000	HL115-2F1500A	HL240-4F3000LB	HL360-4F4500L
拌和楼总高/m		25.145	29.448	35	37.25
拌和楼总功率/kW		83	90	640	429
拌和楼总重/t		117.96	205.6	580	680
压缩空气消耗量/(m³/min)		3	4	8	4
压缩空气工作压力/MPa		0.69	0.49～0.69	≥0.6	≥0.6
额定生产率	常态混凝土/(m³/h)	48～60	108～135	240	320～360
	碾压混凝土/(m³/h)			200	300
	预冷混凝土/(m³/h)		60	180	250
控制方式		电气自动集中控制	电气自动集中控制	微机自动控制	微机自动控制
混凝土拌和机	台数及型式	2台自落式	3台自落式	4台自落式	4台自落式
	单机进料量/L	1600	2400	4700	7500
	出料容量/(捣实后，m³)	1	1.5	3	4.5
	允许骨料最大粒径/mm	120	150	150	150
	每小时拌和次数/次	44～54	72～90		
电动机功率 /kW	每台拌和机功率	2×7.5	2×7.5	2×22	2×22
	总功率	30	45	176	176
减速机型号		XWD75-6-1/17	XWD75-6-1/17		
混凝土出料斗容量 /(m³/只)			6.8×1	12×2	12×2

指　标			拌　和　楼　型　号			
			HL50-2F1000	HL115-2F1500A	HL240-4F3000LB	HL360-4F4500L
混凝土配料装置		电子秤台数/台	8	11	12	12
	称量范围/(kg/台数)	特大石 80～150mm	0～1500×1	0～1500×1	0～2000×1	0～3000×1
		大石 40～80mm	0～1500×1	0～1500×1	0～2500×1	0～4000×1
		中石 20～40mm	0～1500×1	0～1500×1	0～2500×1	0～4000×1
		小石 5～20mm	0～1500×1	0～1500×1	0～2500×1	0～4000×1
		粗砂	0～1500×1	0～1500×1	0～3000×1	0～3000×1
		细砂	0～1000×1	0～1500×1	0～2000×1	0～3000×1
		水泥	0～500×1	0～500×1	0～1000×1	0～2000×1
		掺合料		0～500×1	0～400×1	0～600×1
		水	0～300×1	0～300×1	0～700×1	0～750×1
		外加剂	0～15×1	0～15×1	0～30×1 0～10×1	0～50×1 0～15×1
		冰		0～150×1	0～400×1	0～300×1
储料仓容量		料仓总容积/m³	132	448	875	1270
	容积/(m³/仓数)	特大石	22×1	60×1	130×1	200×1
		大石	22×1	60×1	130×1	200×1
		中石	22×1	60×1	130×1	200×1
		小石	22×1	60×1	130×1	200×1
		粗砂		60×1	130×1	100×1
		细砂	22×1	60×1		100×1
		水泥	11×2	30×2	75×2	90×2
		掺合料		28×1	75×1	90×1
		出料斗高度/mm		4000	4500	5100

　　（3）混凝土拌和站。混凝土拌和站，多在小型或大、中型水利水电工程的前期临建工程施工中采用，有固定式、移动式和装配式三种型式。混凝土拌和站一般采用双阶式（水平式）布置，建筑高度低，结构简单，投资少，安、拆快。

　　目前，我国混凝土拌和站专业制造厂所生产的十多种型号规格产品，大多数是近几年开发出来的新产品。目前，常用的混凝土拌和站主要有：HZ40-2F750、HZS90-IQ1500、HZ120-IQ2000 和 HZ150-IQ3000 等型号。各种规格型号的混凝土拌和站的主要技术性能见表 2-13。

拌和楼型号		HZ40－2F750	HZS90－IQ1500	HZ120－IQ2000	HZ150－IQ3000
生产能力/(m³/h)		40	90	120	150
搅拌机	型式	双锥倾翻自落式	双卧轴强制式	双卧轴强制式	双卧轴强制式
	出料容量/L	750	1500	2000	3000
	装机台数/台	2	1	1	1
料仓布置型式		集中钢仓	集中钢仓	集中钢仓	集中钢仓
进料方式		斗式提升机	胶带输送机	胶带输送机	胶带输送机
配料机构	骨料	杠杆秤	电子秤	电子秤	电子秤
	水泥	杠杆秤	电子秤	电子秤	电子秤
	水	流量计	电子秤	电子秤	电子秤
	外加剂	流量计	电子秤	电子秤	电子秤
控制方式		自动	微机全自动	微机全自动	微机全自动
总功率/kW		35	72	81	130
总重/t		25	45	63	87

2.4　综合加工厂

主要从事工程施工过程中所需钢筋与埋件的加工、模板制作和混凝土预制构件的生产等，由钢筋加工厂、模板拼装检修厂、混凝土预制构件厂等组成。

2.4.1　钢筋加工厂

钢筋加工厂主要承担主体工程、辅助企业工程、混凝土预制构件厂所需的钢筋、骨架、预埋件等的加工。钢筋加工厂布置包括：钢筋原材料堆放场、钢筋调直（除锈）场、钢筋加工车间、对焊间、成型场地、成品堆放场地等设施。

（1）钢筋加工厂平面布置原则：①钢筋加工原则上为室内加工。在受建筑面积限制时，部分工序可设在室外，但主要操作区应设棚盖，原材料堆放场可设在露天，但高强钢丝需设封闭仓库堆放；②原材料堆放场、加工车间、成品堆放场，布置最好成直线或 L 形布置，保证加工生产流程顺畅；③车间内工艺布置必须保证工艺流程顺畅，满足设备安装、操作和堆放等对场地面积的要求。合理确定跨度和面积；④钢筋加工分设粗细两条作业线，采用平行布置，适当靠近，同时考虑机械和自动化的生产条件；⑤充分利用滚道台、单轨吊车等，减少人工搬运工作。各车间可用轻轨平板车和胶轮平板车联系，大型车间可设桥吊。

（2）生产规模计算。

1）生产规模按主体工程最大浇筑日强度计算，其班产量可按式（2－12）计算。

$$p_s = \sum Q_i N_i \frac{K_1 K_2}{n_1 n_2 (1-\eta)} \qquad (2-12)$$

式中　p_s——钢筋加工厂班产量，t/班；

Q_i——混凝土浇筑高峰中各分项工程的月浇筑强度，$m^3/$月；

N_i——不同工程每立方米混凝土含筋量；

$\sum Q_i N_i$——高峰月钢筋需用总量，t/月；

K_1——月不均匀系数，取 1.2；

K_2——裕度系数，取 1.05~1.1；

n_1——月工作天数，一般取 25d；

n_2——每天工作班数（一般为两班，高峰可取三班，加工量小取一班）；

η——钢筋加工损耗率，3%。

2）按钢筋年需用量计算，钢筋加工班产量可按式（2-13）计算。

$$p_s = \frac{SK_2K_3}{n_2 n_3 (1-\eta)} \qquad (2-13)$$

式中　p_s——钢筋加工班产量，t/班；

S——钢筋年需用量，t；

K_2——生产不均匀系数（当 S 为最高年需用量时，$K_2=1$；当 S 为平均年需用量时，$K_2=1.5$）；

K_3——工厂生产不均匀系数，取 1.25；

n_2——每天工作班数（一般为二班，高峰可取三班，加工量小取一班）；

n_3——年工作日，室内生产取 300d；

η——钢筋加工损耗率，3%。

3）混凝土预制厂钢筋需用量，预制厂班产量可按式（2-14）计算。

$$p_0 = \frac{Q_3 N_1 K_3}{n_2 (1-\eta)} \qquad (2-14)$$

式中　p_0——预制构件班产量，t/班；

Q_3——预制构件日产量，m^3/d；

N_1——预制构件每立方米混凝土含筋量，80~180kg/m^3（一般取 130kg/m^3）；

n_2——每天工作班数（一般为二班，高峰可取三班，加工量小取一班）；

K_3——工厂生产不均匀系数，取 1.25；

η——钢筋加工损耗率，3%。

（3）钢筋加工厂面积确定。

1）堆放场面积。

A. 原材料及成品堆放定额见表 2-14。

表 2-14　　　　　　　　　　　　　原材料及成品堆放定额

项目名称		堆放定额 /(t/m²)	通道系数	项目名称	堆放定额 /(t/m²)	通道系数
仓库内存放	盘条	0.8~1.0	1.5	半成品或成品钢筋	0.3	1.5
	粗钢筋	1.2~2.0	1.8	预制梁类骨架	0.05	1.5
车间内存放	盘条	0.64~0.8	1.5	预制板类骨架	0.04	1.5
	粗钢筋	1.2	1.5			

B. 堆放场面积计算。原材料、半成品或成品仓库堆放场面积可按式（2-15）计算。

$$F=\frac{P_d TK}{A} \qquad (2-15)$$

式中　　F——日工作原材料、半成品或成品仓库堆放场面积，m^2；

　　　　P_d——钢筋加工厂日产量，t/d；

　　　　T——堆存时间，d；

　　　　K——通道系数，按表2-14取用，或取各类情况的平均值，一般取1.5；

　　　　A——堆放定额，t/m^2，可按表2-14取用。

C. 堆放时间。原材料到货情况不同，要求堆放的时间也不一样，应根据供应情况和运输条件确定。

成品和半成品等堆放时间受预制场及现场浇筑进度的制约，一般运输条件好，加工量大，则堆放时间宜短。

2）加工厂占地面积。一班工作制钢筋加工厂占地面积见表2-15。

表2-15　　　　　　　　　　一班工作制钢筋加工厂占地面积　　　　　　　　　单位：m^2

名称		加工厂生产能力/(t/班)					
		10	15	20	30	40	50
卸料场地		100	120	150	200	250	300
原材料堆存场		450	700	900	1300	1800	2000
钢筋除锈、调直场地		150	200	250	300	450	500
对焊车间	建筑面积	108	108	108	216	216	216
	堆放场地	40	50	60	100	120	160
空气压缩机房	建筑面积	42	42	42	84	84	84
	堆放场地	30	30	30	60	60	60
钢筋加工车间（切断、弯曲）		432	576	672	960	1344	1530
成品堆放场		250	350	450	800	1000	1300
点焊车间	建筑面积	294	336	420	630	840	1008
	堆放场地	60	80	100	200	250	350
绑扎车间	建筑面积	252	294	336	504	672	756
	堆放场地	250	350	450	650	850	1000
预应力钢筋加工车间		508	676	760	856	928	1096
高强钢丝棚		100	120	150	250	350	500
放样台		150	150	150	150	150	150
办公室、工具库		64	64	64	105	105	128
总计占地面积		3280	4246	5092	7365	9469	11138
考虑通道系数后加工厂占地面积		4920	6370	7640	11050	14200	16700

注　1. 原材料和成品堆放场根据各工程现场堆放和运输条件决定本厂需堆放时间，可以扩大。

　　2. 对原材料和成品堆放场面积，表内所列为一班制生产，二班制可以扩大1倍。

（4）主要设备选择和配置。根据钢筋加工量及钢筋加工工艺来选择各种设备的类型和数量。

1）加工设备需用量计算。加工设备需用量可按式（2-16）或式（2-17）进行计算：

$$N=\frac{Q}{q_1} \qquad (2-16)$$

式中　N——设备台数，取整，台；

　　　Q——钢筋台班计算加工量，t/台班；

　　　q_1——设备加工定额，t/台班。

$$N=\frac{Q}{q_2 K_1 K_2} \qquad (2-17)$$

式中　N——设备台数，取整，台；

　　　Q——钢筋台班计算加工量，t/台班；

　　　q_2——设备名牌产量，t/台班；

　　　K_1——时间利用系数，$k_1=0.9$；

　　　K_2——设备利用系数，$k_2=0.85$。

2）垂直运输设备选择要求：①原材料堆场，可用塔式起重机或汽车式起重机，也可采用大跨度龙门式起重机，起重量在一般工地为 3～5t，大型工地可用 10t 龙门吊；②车间内采用 1～3t 电动单梁起重机或电动葫芦；③在大型工地的成品或半成品堆放场的起吊装卸作业，设起重量为 1～3t 的大跨度龙门吊，对用量较小的加工厂，可采用少先吊来装卸。

3）平面运输设备选择要求：①原材料、加工、成品堆放成直线型工艺布置时，可采用窄轨平板车运输，也可用胶轮平板车；②在每台主要设备旁，放置必要的滚道台或滑卸装置；③在每台设备旁边必须留有半成品堆放面积（2～4h 容量的堆放面积）。堆放时最好有与车床高差不大的堆放平台车，尽量避免到下道工序产生垂直搬运现象。

（5）钢筋加工厂设备配置。钢筋加工厂设备配置参考资料见表 2-16。

表 2-16　　　　　　　　　　　钢筋加工厂设备配置参考资料

序号		设备名称	型　号	功率/kW	重量/kg	设备数量/台					
						班生产能力/（万 N/台）					
						10	15	20	30	40	50
一、主要加工设备	1	钢筋切断机	GJ5-40，切断 ϕ6～40mm	7.5	950	1	1	1	2	2	2
	2	钢筋弯曲机	GJ7-40，弯曲 ϕ6～40mm	2.8	662	2	2	3	3	4	4
	3	钢筋调直机	GJ4-4/14，调直 ϕ4～14mm	9	1500	1	1	2	2	2	2
	4	钢筋调直机	GJ6-4/8，切断 ϕ4～8mm	5.5	720					1	1
	5	对焊机	UN1-25，焊接 ϕ14～20mm	25kVA	275	1					
	6	对焊机	UN1-75，焊接 ϕ22～36mm	75kVA	445	1	1	1	2	2	2
	7	对焊机	UN1-100，焊接 ϕ26～40mm	100kVA	465	1	1	1	1	1	1
	8	对焊机	UN2-150，焊接 ϕ25～50mm	150kVA	2500			1	1	1	1
	9	弧焊机	BX1-330，150～700A	228kVA	155	1	2	2	3	4	4
	10	弧焊机	BX-500，150～700A	32kVA	290	1	1	1	2	2	3
	11	弧焊机	BX2-500，220～600A	45kVA	455				1	1	1
	12	弧焊机	BX2-1000，400～1200A	46kVA	560	0	0	0	0	0	1
	13	点焊机	DN1-75，焊接 ϕ_{max}×20mm	75kVA	455	11	1	1	1	1	1
	14	点焊机	DN2-100，焊接 ϕ_{max}×22mm	100kVA	800	1	1	1	2	2	2
	15	氧气焊接切割设备				1	1	2	2	3	3

序号		设备名称	型　　号	功率/kW	重量/kg	设备数量/台					
						班生产能力/(万 N/台)					
						10	15	20	30	40	50
二、起重及运输设备	1	塔式起重机	起重能力 6 万 N	36.5	19800			1	1	1	1
	2	汽车起重机	起重能力 3 万 N，K－32 型		7480	1	1				
	3	龙门起重机	起重能力 3 万 N	30.2				1	1	2	2
	4	手动单梁起重机	起重能力 2 万 N						1	1	1
	5	电动起重葫芦	起重能力 1.5 万 N	3.5	450	1	1				
	6	少先式起重机	起重能力 0.5 万 N	3.7	1370	1					
	7	手摇卷扬机	起重能力 1 万～2 万 N				1	1	2	2	2
	8	平板车				2	4	6	8	10	12
三、其他附属设备	1	电动除锈机	$\phi 250mm$	1.1	120	1	2	2	3	4	4
	2	电动砂轮机	$\phi 300mm$	0.75		2	2	2	3	4	4
	3	钢筋矫正台				1	2	2	3	4	4
	4	滚道台				6	6	10	18	20	24
	5	空气压缩机	$0.12m^3/min$，1MPa	1.2	115				1		
	6	空气压缩机	$0.12m^3/min$，1MPa	11.5	350					1	1

根据混凝土施工进度计划计算出钢筋加工量的最大月强度，再根据不同规格钢筋加工设备的加工强度计算出钢筋切断机、弯曲机、调直机、套丝机、对焊机的数量。同时，根据临时设施场地规划钢筋加工厂，在钢筋加工厂布置钢筋加工车间、钢筋起吊设备、钢筋堆放平台、办公室及库房。

2.4.2　模板拼装检修厂

目前，混凝土工程多采用定型、定制的钢模板，在施工现场进行拼装。在模板拼装厂应合理规划模板堆放、预拼装和模板维护修理场地。

（1）模板堆放场地与拼装场地。模板堆放场地根据模板的型号、数量、使用的先后顺序分片分区规划，做到同型号、同部位或同期的模板进出运输方便，应明确标识、便于识别。场地的规划应将堆存场地和拼装场地有效结合，以便于集中使用起吊设备。如：向家坝工程Ⅱ标段主坝施工的模板堆放场地就根据使用时间段不同，将近期使用的模板由厂家直接运输至工地前方施工作业的临时堆存点堆放，便于作业人员使用。而对于短期内不用的模板可堆存在后方综合场地堆存。这样布置可以减少模板在工地内的倒运次数和运输转运设备的使用率。同时，可以有效地利用工程现场可利用场地，降低堆存场地的相关费用。

模板堆存场地和拼装场地规模的确定一般通过工程高峰期模板使用量具体确定。模板堆存场和拼装厂应做好防晒、防雨、防潮及防锈措施。场地内部及四周要做好排水系统，保证积水排出通畅。并根据模板堆存时间的长短在场地设置遮雨棚或覆盖遮雨布。

（2）模板修理厂。为了保证模板功能的正常实现和混凝土形体要求，需对使用过程中损坏、生锈或变形的模板按批次进行维护和修理，以便提高模板的周转次数和重复使用率，降低施工成本。修理厂的规划可独立设置，也可以与综合加工厂的金属结构加工车间或模板堆存场地综合利用。修理厂的规划规模可根据工程模板规划中同型号周转使用次数及模板量确定。模板修理厂还应考虑混凝土工程零星使用的木材加工的需求，规划木材加工的场地及专用设备。

2.4.3 预制构件厂

（1）生产规模确定。计算出预制构件的混凝土总量，按工程施工总工期，平均分配确定其年、日（班）产量，$Q_年$、$Q_日$产量可按式（2-18）、式（2-19）计算。

$$Q_年 = K\frac{Q}{T_1} \qquad (2-18)$$

式中　$Q_年$——工程预制构件年加工量，m^3；

　　　K——年不均匀系数，1.5～2.5；

　　　Q——工程预制构件混凝土总量，m^3；

　　　T_1——工程计划施工期，年。

$$Q_日 = K_1\frac{Q_年}{T_2} \qquad (2-19)$$

式中　$Q_日$——预制构件日生产量，m^3/d；

　　　$Q_年$——工程预制构件年加工量，m^3；

　　　K_1——日不均匀系数，5年以下临时性（1.4～1.5），5～15年半永久性（1.2～1.3）；

　　　T_2——年工作日，d。

（2）预制构件厂规模的确定。预制构件厂的规模主要根据构件的预制量确定的生产规模、构件品种及工艺流程来确定，也与钢筋加工厂分立或合一布置有关。分立或合一使混凝土预制厂内部组成、车间布置及占地面积都不同。如分立布置，则预制厂需要单独设立钢筋、模板加工车间和钢筋、木材等原材料仓库及半成品堆存场。如合一布置，则部分生产车间和辅助车间可互相共用。

预制厂构件厂占地面积还与施工总平面布置规划的占地范围、地形、选用成品堆存场的起吊设备、砂石、水泥来源、拌和站形式、内外交通运输道路有密切联系。

2.5　风、水、电布置

2.5.1　施工供风

混凝土工程施工用风项目主要有砂石加工系统、混凝土拌和系统胶凝材料输送、混凝土临时结合面处理以及基岩面处理等。

（1）供风方式选择。根据压缩空气的用户分布、负荷特点、管网压力损失以及管网设置的经济性，压缩空气供应方式可采用固定式压缩空气站或移动式空气压缩机两种方式。主要应综合考虑以下几点：①用户集中、管网压力损失不大、管网设置较经济、使用期限较长时，宜采用固定式压缩空气站集中供风；用户集中在几个区，采用一个固定式压缩空气站供风管网设置不经济、压力损失大时，可采用分区设站供风；②当用户分散，设置固定式压缩空气站集中供风不经济时，应优先采用移动式空气压缩机或随机供风方式；③压缩空气站设计应考虑本工程地形、地质、气象及分项工程施工进度计划等资料。

（2）供风设备选择。一个压缩空气站内空气压缩机台数宜为 3 台左右。在单机容量大的站内，为适应负荷变化，节约能耗，常需配置较小容量的机型。在一个压缩空气站内，机型不宜超过两种。

空气压缩机除应满足排气压力和排气量外，对单机容量大的固定式空气压缩机应选用功率小的机型，对移动式空气压缩机宜选用重量轻的机型。

每台空气压缩机宜单独设置空气压缩储气罐，供气管网线路较长或用气压力要求稳定时，用气点宜设置储气包或者稳压包。若压缩空气站要求压缩空气压力波动值较小时，宜选用螺杆式空气压缩机。

（3）压缩空气站的布置。压缩空气站一般应由机器间和辅助间组成。辅助间应根据压缩空气站规模、机修体制、动力供应条件和操作管理等需要确定。对于台数少、单机容量小的压缩空气站，宜只设值班室，兼作储藏工具和备用品室，而把配电和控制设备放在机器间内空压机的一侧。规模较大的压气站，必要时宜设配电室、检修间和值班室等辅助间。

站址选择原则，主要考虑以下五个方面：①尽量靠近用户负荷中心，站址至用户的距离宜在 0.5km 以内，最远不得超过 2.0km。供气管网的压力降低值最大不应超过压缩空气站供给压力的 10%～15%；②接近供电供水管网，并有利于排水；③站址应设在爆破警戒线外，如必须设在危险区内时，对人员和设备应采取可靠的防护措施；④站址宜选在空气洁净、通风良好、交通方便、利于设备搬运之处；⑤站址应选择在地基或边坡稳定的位置。

压缩空气站布置应注意自然通风和采光。机器间周围不宜有其他建筑。站内空气压缩机一般为单排布置，通道宽度应根据设备操作、拆装和运输的需要确定，其净距不应小于表 2-17 的规定。

表 2-17　　　　　　　机 器 间 通 道 净 距 表

空气压缩机排气量/(m³/min)		<10	10～40	>40	1. 本表适用于活塞式空气压缩机，螺杆式空气压缩机按产品情况确定；
机器间主要通道 /m	单排布置		1.5	2	2. 如必须在空气压缩机组与墙之间的通道上，拆装空压机的活塞杆与十字头连接的螺母零部件时，表中 1.5 的数值应适当加大；
	双排布置	1.5	2		3. 设备布置时，除保证检修时能抽出气缸中的活塞部件、冷却器中的芯子和电动机的转子或定子外，并宜不小于 0.5m 的余量。如表中所列或按注 2 加大后仍不能满足余量要求时，则应加大
空气压缩机组之间或空气压缩机组与辅助设备之间的通道/m		1	1.5	2	
空气压缩机组与墙之间的通道 /m		0.8	1.2	1.5	

压缩空气站机房内可只考虑中小修，宜采用临时性起重设施；若需设置专门的检修场地时，应不大于一台最大空压机组占地和运行所需面积。

压缩空气站空气压缩机的冷却供水方式，应根据水源、水量、气温、地形等条件，通过技术经济比较确定。容量大的压缩空气站通过有冷却或无冷却循环供水；中小型压缩空气站当具有建立高位水池的地形时，可采用自流供水，冷却水耗量应根据空气压缩机技术说明书提供的数据确定，水质应满足要求。

（4）供气管网。①供气管网的布置方式有树枝状、环状和混合式等，水电水利工程宜采用树枝状布置方式；②压缩空气管道应满足用户对压缩空气质量和压力的要求。管道敷设方式的选择，应根据当地地形、地质、水文及气象等条件确定。管道坡度不宜小于0.002，并应在管道最低点设置排放管道内积存油水的装置。寒冷地区室外压缩空气管道宜采取防冻措施；③压缩空气管道宜采用钢管。经常搬迁的管段采用法兰盘连接，风动机具与压缩空气管网之间宜用软管连接；④压缩空气管道直径应根据通过流量、管道长度（包括异形管的当量长度）、允许或要求的压力降值，分段进行计算选取。管道内径可参考表2-18选取；⑤对压缩空气负荷较大或要求供气压力稳定的用户，宜就近设置储气罐或其他稳压装置；⑥埋设的压缩空气管道穿越铁路或道路时，应设套管，其两端伸出路边不得小于1m，路边有排水沟时，则应伸出沟边1m；⑦露天管道长度200m内无较大折角弯管时，需设"Ω"形膨胀器或填料式伸缩节。

表2-18　　　　　　　　　　允许通过风量与管径、管长的关系表

管径/mm	管长/m										
	100	200	400	600	800	1000	1250	1500	2000	3000	5000
	允许通风量/（m³/min）										
50	16	11	8	6	5						
75	46	33	23	19	16	15					
100	98	70	50	40	35	31	28	25	22	18	14
125	177	125	89	72	68	56	50	47	40	32	25
150	289	205	145	119	102	92	83	75	65	53	41
200		436	309	252	218	196	174	160	138	113	87
250						348	315	284	245	202	158
300								401	325	253	

注　本表按送风管始端风压6.8MPa、末端风压5.88MPa计算。

（5）供风量计算。压缩空气站的容量计算包括工作容量和备用容量两部分。

1）工作容量。固定式压缩空气站的工作容量按全系统的压缩空气高峰负荷乘以风动机具同时工作系数确定。分区设站、各站集中供气时，各压缩空气站的工作容量也应按各分区的用气高峰负荷乘以风动机具同时工作系数确定，当分区设站的压缩空气站间有连通管道联合供气，并能充分进行交换互相补偿时，则有关各站的合计工作容量应按有关区的综合高峰负荷确定。

当压缩空气站由于容量大，受地形限制，将设备分设于相距不远的几个站房内联合供气时，有关设计参数也应考虑风动机具同时工作系数。

按用气高峰期内使用的风动机具数量和额定耗气量计算压缩空气站工作容量时，具体计算式（2-20）为：

$$Q = K_1 K_2 K_3 (nq K_4 K_5) \tag{2-20}$$

式中　Q——压缩空气需用量，m³/min；

K_1——由于空气压缩机效率降低及未预计的少量用气所采用的系数，取 1.05
　　　～1.10；

K_2——高程修正系数，其值参照表 2-19 选取；

K_3——管网漏气系数，一般取 1.1～1.3，管网长或铺设质量差时取大值；

K_4——各类风动机具同时工作系数，其值参照表 2-20 选取；

K_5——风动机具磨损修正系数，对凿岩机取 1.15，其他风动机具取 1.10；

n——同时工作的同类型风动机具台数；

q——1 台风动机具耗气量，其值见表 2-21。

表 2-19　　　　　　　　　高 程 修 正 系 数 K_2 表

高程/m	0	305.00	610.00	914.00	1219.00	1524.00	1829.00	2134.00	2433.00	2743.00	3049.00	3653.00
高程修正系数 K_2	1	1.03	1.07	1.1	1.14	1.17	1.2	1.23	1.26	1.29	1.32	1.37

表 2-20　　　　　　　　风动机具同时工作系数 K_4 表

同时工作的同类机具台数	1	2	3	4	5	6	7
同时工作系数 K_4	1	0.9	0.9	0.85	0.82	0.8	0.78
同时工作的同类机具台数	8	9	10	12	15	20	30
同时工作系数 K_4	0.75	0.73	0.71	0.68	0.61	0.59	0.5

表 2-21　　　　　　　常用混凝土工程风动机具耗风量表

序号	风动机具名称	型号	耗风量 /(m³/min)	使用风压 /MPa
1	气卸散装水泥车	U$_{xy}$ 60t	20	0.35
		Q$_S$ 87t	6	0.15～0.2
2	混凝土拌和楼	2×1m³	3	0.7
		3×1m³	4	0.7
		3×1.5m³	4	0.7
		4×3m³	10	0.7
3	混凝土喷射机	HP-1，4～5m³/h	9	0.15～0.6
		冶建-65，4m³/h	7～8	0.1～0.6
		铜武-25，5.2m³/h	7.5	0.25～0.6
		pH-30，4～6m³/h	6	
		pH-111，4～6m³/h	10	0.1～0.6
4	风镐	G10，G10A（原03-11，03-11A）	1.2	0.5
		GJ-7	1	0.4
		GJ-7A	0.8	0.5
5	风钻	f8	0.5	0.5
		f22	1.7	0.5
		f32	0.2	0.5

按用气负荷确定压缩空气站的工作容量时，需编制用气负荷曲线，从中找出高峰负荷。在缺乏风动机具数量资料编制负荷曲线时，可先绘制各时段各用户施工强度曲线，然后按式（2-21）估算各时段压缩空气需要量来绘制负荷曲线：

$$Q=(1.3\sim1.6)K_2\sum\frac{w_iq_i}{nm60}K \qquad (2-21)$$

式中　Q——压缩空气需用量，m^3/min；

1.3~1.6——考虑管网漏损、风动机具磨损及未计入的小量用风的修正系数；

$\quad K_2$——高程修正系数，其值见表 2-19 选取；

$\quad w_i$——在用风高峰月份需要用风的各项工程的施工强度，$m^3/$月；

$\quad q_i$——各项工程的单位耗风量，m^3/m^3；

$\quad n$——月工作班数，一般可按 50 班计；

$\quad m$——每班工作小时数，按 8h 计；

$\quad K$——小时不均匀系数，取 1.25~1.50。

此曲线中的最高值，即为高峰压缩空气需要量，但最后需按设计选用的风动机具数量核算修正。

2）备用容量。压缩空气站的备用容量应根据下列三条原则配置。①当最大机组检修时，其余机组的供气量应能满足用户需要；②当机组发生事故停机时，应保证主要用户的供气；③压缩空气站工作容量所需机组在 5 台（含 5 台）以下时，应另加 1 台作为备用。

2.5.2　施工供、排水

混凝土工程施工用水项目主要包括综合加工厂、砂石加工系统、混凝土拌和系统、混凝土浇筑、仓面清洗和冲毛、混凝土冷却和养护，以及前方及后方管理生产人员的生活用水，消防用水等。

（1）供水布置原则。

1）供水系统应安全可靠地保证工程施工生产、生活与消防用水，水压、水质、水量应分别符合各类用水要求。

2）供水应该提前进行规划设计，设计应根据施工总体布置进行，对于改、扩建工程宜利用现有设施，新开发的应该尽量少占用耕地，做到节约能耗和节省劳动力。

3）生产和消防用水应以河水为主要水源，生活饮用水应优先取用水质较好的地下水。

4）供水设计时，应收集下列资料。①工程区水质、水文、气象、水文地质、地形资料；②工程施工总进度及劳动力供应计划以及施工结束后当地用水发展的需要；③工程施工进度；④施工总体布置及各建筑物用水要求；⑤同类工程施工经验。

5）供水工程设计应根据工程施工特点、不同用户用水要求选择水源，通过技术经济比较后，确定采用直流、循序或循环供水系统。

6）选择供水方式、设计水位频率应考虑季节对洪水水源的水质、水量、水位的影响和施工阶段的要求。且应分析与归类，有循环水时应作水量平衡计算。

7）供水系统可统一规划，也可分区、分质和分压等方案规划，但选择方案时，应根据水源、地形等具体情况，按照施工及工厂的用水要求综合考虑确定，必要时提出不同方案进行经济比较。

8）施工及工厂生产用水，应根据水质和地形环境，充分提高水的重复利用率（包括废水废渣处理和冷却降温等重复循环使用），并考虑经济效益、社会效益和环境效应。

9）取水建筑物除应保证卫生水源条件外，还要充分考虑对河道的影响。

（2）用水量计算和水压要求。施工期用水量标准应根据工程施工、工厂企业对水量的要求作为设计的依据。

在水量计算中，工区的生活用水和消防用水可参考有关设计规范选用。对于施工用水及工厂企业生产用水可通过参考已建工程有关资料确定的参考指标确定。水质要求（即水的物理、化学指标）应符合《生活饮用水卫生标准》（GB 5749—2006）及工业生产用水的水质标准。水压（指供水点出口处要求的工作压力）根据具体要求而定。

系统内各供水单元设计供水量应根据各用户用水量、工程进度计划和供水系统类型，通过水量平衡计算确定。

1）生活用水量按式（2-22）计算：

$$Q=K_1 K_2 \left(\frac{qN}{1000}+\sum Q_i\right) \quad\quad (2-22)$$

式中　Q——最高日生活用水量，m^3/d；

　　　K_1——管网漏损水量系数，宜取 1.1~1.2，管网长时取大值；

　　　K_2——未预见水量系数，宜取 1.08~1.2，或参考同类工程经验选取；

　　　N——工程高峰时段劳动力人数；

　　　q——生活用水量标准，$L/(人 \cdot d)$，其值见表 2-22；

　　　Q_i——浇洒道路和绿地用水量，m^3/d，根据路面、绿化、气候和土壤等条件确定。

2）生产用水量按式（2-23）计算：

$$Q=K_1 K_2 \sum \left(\frac{q_i w_i+q_j w_j}{30}+q_k w_k\right) \quad\quad (2-23)$$

式中　Q——最高日生活用水量，m^3/d；

　　　K_1——管网漏损水量系数，宜取 1.1~1.2，管网长或铺设质量差时取大值；

　　　K_2——未预见水量系数，宜取 1.08~1.2，或参考同类工程经验选取；

　　　w_i——在用水高峰月份需要用水的各项工程的施工强度；

　　　q_i——各项工程用水量指标，其值见表 2-23；

　　　w_j——在用水高峰月份各施工辅助企业规模；

　　　q_j——各施工辅助企业用水量指标，其值见表 2-24；

　　　w_k——在用水高峰期施工机械数量；

　　　q_k——各施工机械用水量指标，其值见表 2-25。

表 2-22　　　　　　　　　　　　　　生 活 用 水 量 标 准

地域分区	日用水量/[L/(人·d)]	适用省、自治区、直辖市
一	80~135	黑龙江、吉林、辽宁、内蒙古
二	85~140	北京、天津、河北、山东、河南、山西、陕西、宁夏、甘肃
三	120~180	上海、江苏、浙江、福建、江西、湖北、湖南、安徽

地域分区	日用水量/[L/(人·d)]	适用省、自治区、直辖市
四	150～220	广西、广东、海南
五	100～140	重庆、四川、贵州、云南
六	75～125	新疆、西藏、青海

注 1. 本表选自《城市居民生活用水量标准》(GB/T 50331—2006)。

2. 表中所列日用水量是满足人们日常生活基本需要的标准值，在核定城市居民用水量时，各地应在标准区间内选取。

3. 城市居民生活用水考核不应以日作为考核周期，日用水量指标应作为月度考核周期计算水量指标的基础值。

4. 指标值中的上限值是根据气温变化和用水高峰月变化参数确定，一个年度当中对居民用水可分段考核，利用区间值进行调整使用。上限值可作为一个年度当中最高月的指标值。

表 2-23　　　　　　　　主体工程施工用水量参考指标

项　　目		单位	用水指标	备　　注
混凝土工程	混凝土养护水	L/m³	2800～5600	以养护 14d 计
	混凝土养护水	L/m³	5600～11200	以养护 28d 计
	坝体冷却用水	L/m³		由混凝土温度控制计算确定

表 2-24　　　　　　　　施工辅助企业生产用水量估算指标

企业名称及用水项目		单位	用水指标	备注
混凝土拌和厂	拌和用水	L/m³	150～300	以每立方米混凝土计
	料罐冲洗用水	L/s	10～20	以一个冲洗台用水计
制冷厂	冷凝器用水	L/万 kcal	3000～5000	以标准工况计 1kcal＝4.19J，根据设备样本要求确定
	机组冷却水			
砂石加工厂	天然砾石筛选	L/m³	1500～2500	视砂石含泥量大小选用
	人工砂石筛选	L/m³	4000～8000	
	洗砂机用水	L/m³	1500～4000	视砂的含泥量大小选用
压缩空气站	有后冷却器时	L/m³	5.5～8.0	终压力 8kgf/cm²，进水温差 10℃
	无后冷却器时	L/m³	4.0～5.0	1kgf/cm²＝9.8×10⁴Pa
混凝土预制件厂	浇水养护	L/m³	300～400	以每立方米混凝土计
	蒸汽养护	L/m³	500～700	为蒸汽用量，以每立方米混凝土计
汽车修理厂、保养站	汽车大修	L/辆	12000～27000	以修理厂年大修车辆规模计
	汽车大修	L/(d·辆)	60～140	
	汽车保养	L/(d·辆)	170～200	以承担一保、二保、小修时每辆在保汽车计
	汽车保养	L/(d·辆)	70～100	以承担二保、小修时每辆在保汽车计
汽车停车场	工程用汽车外部清洗	L/辆	700～1500	
	汽车散热器灌水	L/辆	15～30	为 5t 以下汽车
	汽车散热器灌水	L/辆	45～60	为 5t 以上汽车
	冬季发动机预热	L/辆	1.5～2.5 倍散热器容积	

企业名称及用水项目		单位	用水指标	备注
建筑用水	毛石砌体	L/m³	50～80	各单位自制混凝土构件时采用值
	抹灰	L/m	30	
	预制件养护	L/(s·处)	5～10	

表 2-25 施工机械用水量参考表

机械名称	单位	用水指标	备注
1.5～3t 汽车	L/(d·辆)	400～500	
4～5t 汽车	L/(d·辆)	500～700	
6～10t 汽车	L/(d·辆)	700～800	
10～25t 汽车	L/(d·辆)	800～1000	
交通车	L/(d·辆)	1500	
内燃起重机	L/(台班·t)	15～18	以起重吨数计
蒸汽锅炉	L/(h·t)	1000	以小时蒸发量计
内燃动力装置	L/(台班·HP)	120～300	直流水
内燃动力装置	L/(台班·HP)	25～40	循环水

应当指出，在水电工程施工中，由于用户的分布面广和用水要求的不同，在施工给水系统中可能划分成若干给水区域，形成单独的区域给水系统，区域给水系统担负区域用户的用水。按区域用水负荷绘制出区域给水系统用水负荷曲线，以确定区域给水系统的计算水量和系统规模。水电水利工程施工场区（包括居住区）内，必须根据《建筑设计防火规范》（GB 50016—2006）等的规定，设置消防供水设施。浇洒道路和绿化应酌情考虑用水量。

水电水利工程施工各类用户的水压要求和室外消防供水系统水压要求应按表 2-26 所列数值确定。

施工生产用水含泥量应符合规定或通过试验确定，含泥量过大时需进行处理后方可使用。

表 2-26 各类用户水压要求

用水户名称		要求水压/MPa
施工用水	混凝土一般养护	0.26～0.30
	混凝土流水养护	＞0.05
	凿毛冲洗	＞0.30
	仓面喷雾	＞0.20
	灌浆	＞0.10
	风动凿岩机	0.20～0.30
	井下潜孔凿钻	0.80～1.00

用 水 户 名 称		要求水压/MPa
生产用水	立式冷却器	＞0.05
	卧式冷凝器	0.15～0.25
	制冷机冷却器	0.10～0.25
	空压机冷却水	0.07～0.20
	柴油发电机冷却水	0.07～0.15
	料分冲洗	0.20～0.25
生活用水	建筑层数	地面以上
	一层	＞0.10
	二层	＞0.12
	二层以上	0.12＋每增高一层增加 0.04m

（3）施工排水。

1）施工排水的分类。混凝土工程施工排水主要包括：围堰渗水、混凝土冲毛排水、仓号冲洗排水、混凝土浇筑过程排水、拌和系统排水、养护及冷却弃水、坝体渗水、雨雪、生活污水等。

2）施工排水的原则。施工排水采用"防、排、截、堵结合，因地制宜"的原则，应根据工程实际情况选择"以排为主，排堵结合"或"以堵为主，限量排放"。

排水规划布置方案，一般采取"高水高排、低水低排"的原则。在不同高程设置截水墙或排水沟进行引排，避免在最低位设置排水设施造成资源浪费和不同区域之间的干扰。

按照污水或废水的性质、污染程度、排水系统的设置等，确定排出的水流是"合流"或"分流"排放的原则。任何污水、废水的排放必须符合国家相关水保、环保等法律法规。

排水要注意防止附近山坡的水土流失，宜选择有利地质条件布设人工沟渠，对主要排水设施和排水沟渠，应注意必要的防护与加固。

3）施工排水的布置。排水设施布置要因地制宜、全面规划、合理布局、综合治理、讲究实效、注意经济，并充分利用有利地形和自然水系。包括排水站、排水管道、集水沟渠、集水坑（井）以及污水处理池的布置。

（4）污水处理。污水处理的主要作用是沉淀污水中的杂质，根据不同使用要求设置分级污水处理池，当有严重污染的废水应单独设置。污水池的容积根据污水沉淀时间、污水处理标准、排水量等因素确定。为了加快污水的处理以及能够废水利用，污水处理池应该满足水质净化的要求。当条件允许时也可以在水工建筑物下游侧相对较高的位置设置污水处理池。

污水处理池的出口形式与岸边防冲加固措施结合考虑。当岸坡较高且土质宜冲时，采用急流槽、跌水等形式。当出水口高程低于河流高水位，倒灌时应在出水口设置闸门。

2.5.3 施工供电

混凝土工程施工用电主要包括砂石系统、混凝土拌和系统、混凝土浇筑、制冷与制热系等设备的施工用电，以及金属结构安装、辅助企业设施及施工供排水、照明、通信等项目的施工用电。

（1）施工供电布置规划原则：①系统的设计应保障安全、可靠、技术先进和经济合理；②施工供电电源选择应根据工程所在地区能源供应情况，结合工程具体条件，经过技术经济比较确定，应优先考虑从地区供电网供电；③一类负荷应至少设置两个电源，若单电源供电，必须另设应急备用电源；④施工供电电源的电压等级，应根据施工用电负荷并结合现场的电压等级进行规划。

（2）用电负荷计算。用电负荷计算方法主要包括：有需要系数法、二项式系数法、利用系数法和单位产品耗电量法。工程实践证明，需要系数法是一种简便、准确而广为采用的计算方法。可按式（2-24）、式（2-25）计算。

$$P = K_1 K_2 K_3 (K_c \sum P_d + K_c \sum P_m + K_c \sum P_n) \tag{2-24}$$

或

$$S = \frac{P}{\cos\varphi} \tag{2-25}$$

式中　P——施工供电系统高峰负荷是的有功功率，kW；

　　　K_1——考虑未计及的用户及施工中发生变化的余度系数，一般取1.1～1.2；

　　　K_2——各组用电设备组之间的用电同时系数，一般取0.6～0.8；

　　　K_3——配电变压器和配电线路的损耗补偿系数，一般取1.06；

　　　K_c——需要系数，见表2-27；

　　　P_d——各种用电设备组的额定容量，kW；

　　　P_m——室内照明负荷，kW，见表2-28；

　　　P_n——室外照明负荷，kW，见表2-29；

　　　S——施工供电系统高峰负荷时的视在功率，kVA；

　　$\cos\varphi$——施工供电系统的平均功率因数，无功未补偿时，一般取0.70～0.75；无功补偿后时，一般取0.85～0.90。

表 2-27　　　　　　　　　需要系数和功率因数 $\cos\varphi$

序号	名称	需要系数	功率因数	序号	名称	需要系数	功率因数
1	大型混凝土工厂	0.50～0.60	0.70	13	钢管加工厂	0.60	0.65～0.70
2	中型混凝土工厂	0.60～0.65	0.70	14	钢筋加工厂	0.50	0.50
3	小型混凝土工厂	0.60～0.65	0.70	15	木材加工厂	0.20～0.30	0.50～0.60
4	压缩空气站	0.60～0.65	0.75	16	混凝土预制构件厂	0.60	0.68
5	水泵站	0.60～0.75	0.80	17	大中型机修厂	0.20～0.30	0.50
6	起重机	0.20～0.40	0.40～0.50	18	小型机修厂	0.20～0.30	0.50
7	挖掘机	0.40～0.50	0.30～0.50	19	仓库动力负荷	0.90	0.40～0.50
8	连续式皮带机	0.60～0.70	0.65～0.70	20	施工场地	0.60	0.70～0.75
9	连续式皮带机	0.40～0.60	0.65～0.70	21	室内照明	0.80	1.00
10	电焊机	0.30～0.35	0.40～0.50	22	室外照明	1.00	1.00
11	碎石机	0.65～0.70	0.65～0.75	23	住宅照明	0.60	1.00
12	灌浆设备	0.70	0.65～0.70	24	仓库照明	0.35	1.00

表 2-28　　　　　　　　　　　　　室内照明单位负荷表

序号	地点	单位负荷/(W/m²)	序号	地点	单位负荷/(W/m²)
1	拌和楼（站）汽车库	5	8	棚仓	2
2	预制构件厂	6	9	仓库	5
3	空气压缩机机房、水泵房	7	10	办公室、试验室	10
4	钢筋、木材加工厂	8	11	宿舍、招待所	4～6
5	发电厂、变电所	10	12	医院	6～9
6	金属结构厂	10	13	食堂、俱乐部	5
7	机械修配厂	7～10			

表 2-29　　　　　　　　　　　　　室外照明单位负荷表

序号	地点	单位负荷/(W/m²)	序号	地点	单位负荷/(W/m²)
1	人工浇筑混凝土	0.5～1.0	6	其他人行道、车行道	2.0kW/km
2	机械浇筑混凝土	1.0～1.5	7	警卫照明	1.5kW/km
3	金属结构安装	2.0～3.0	8	廊道、仓库照明	3.0
4	材料设备堆场	1.0～2.0	9	防洪抢险场地	13.0
5	主要人行道、车行道	2.0kW/km			

（3）用电量计算。用电量的计算方法有：年最大负荷利用小时数计算法和年平均负荷计算法。因最大负荷可由电工仪表直接测量记录，故一般采用年最大负荷利用小时数计算法计算。其计算式（2-26）为：

$$W = P_m T_m \qquad (2-26)$$

式中　W——年用电量，kW·h；

　　　P_m——年最大负荷，kW；

　　　T_m——年最大负荷利用小时数。

年最大负荷利用小时数的物理意义，表示一年中最大负荷 P_m 使用 T_m 小时，恰好等于一年中消耗电能的总和。T_m 反映施工生产班次和发电设备的利用情况。根据我国一些大中型水电枢纽工程施工统计资料显示，一般在 3500～5500h。

（4）电源方式选择。目前我国水电枢纽混凝土施工供电电源方式，主要分为三类：电力系统供电、自发电、混合供电。大中型水电枢纽主要采用电力系统供电，小型水电枢纽一般采用自发电或混合供电。自发电一般采用柴油发电机组。

（5）主变压器选择。变电所与电力系统相连接的主变压器一般装设 2 台，当只有一个电源或变电所可由系统中二次电压网络取得备用电源时，可装置 1 台变压器。

变电所一般采用三相变压器，其容量满足施工期用电最大负荷的需要。装有 2 台及 2 台以上变压器的变电所，当 1 台断开时，其余变压器的容量应保证 60% 的全部负荷，或保证用户的一级负荷和大部分二级负荷连续供电。

具有三种电压的变电所，如通过主变压器各侧绕组功率，均达到该变压器容量的

15％以上，主变压器一般采用三绕组变压器。

对于负荷变化和电压波动大的变电所，经调压计算，普通变压器不能满足系统和用户电压要求时，应尽量采用有载调压变压器，或另增设调压变压器。

变压器的内部绕组接线组别，应保证系统并网要求，当两台变压器容量不同时，其容量比不超过 1：3。

（6）主接线选择。主接线选择的一般原则：①变电所的电气主接线，应根据其对用户的供电方案及电力系统的连接方式来确定，新建变电所的电压等级，应根据地区网络规划和技术经济比较结果及相邻地区已有电压等级综合比较确定，一般不应超过三种，且符合国家标准电压：6kV、10kV、35kV；②在满足运行可靠性要求前提下，变电所高压侧尽可能采用断路器较少的接线；③对于 110kV 及以上变电所，当出现回数肯定不超过两回时，可采用桥形或角形接线，4 回线以上兼作枢纽变电所时，一般采用双母线或单母线分段带旁路接线；④为了断路检修时不影响连续供电，除允许停电检修断路器外，一般按下列条件装设旁路母线或专用旁路断路器；⑤35kV 配电装置根据需要可装设旁路母线；⑥采用单母线分段或单母线的 6kV、10kV 配电装置，一般设旁路设施，如采用手车式开关柜成套装置时，可不设旁路设施；⑦户内负荷开关，主要用于二类、三类负荷小型变电所的进出线；户外式负荷开关，主要用于一般中、小型配电网络。

2.6 其他

2.6.1 照明规划

现代水电施工中为了保证进度要进行夜间施工。因此，照明系统也就成为了夜间施工的关键，按照使用部位划分我们可以将照明分为室内照明系统和室外照明系统。

（1）照明布置原则：①照明系统应根据施工情况统一规划；②大规模露天施工现场，宜采用大功率、高效能、便于集中管理，减少经常移动的照明设备；③照明电源的线路架设应根据现场情况、不同施工阶段用电要求等因素确定；④照明系统应该达到国家相关节能、环保的要求；⑤现场的照明线路必须绝缘良好，布置整齐，并经常检查维修；⑥行灯电压不得超过 36V，在潮湿地点、坑井、洞内和金属容器内部工作时，行灯电压不应超过12V，行灯必须带有防护网罩；⑦在存有易燃、易爆物品场所，或有瓦斯的巷道内，照明设备必须采取防爆措施；⑧在大型设备上必须设置警戒或障碍灯；⑨照明的控制开关应该标示醒目、通用。

（2）照明设备选择。照明设备选择可考虑以下原则：①施工现场应选用高压钠灯、金属卤化物灯、荧光灯及其他新型高效照明设备；②应急照明应选用高效、节能的白炽灯；③高强度气体放电灯的触发器与光源的安装距离应符合国家现行有关产品标准的规定。

照明设备布置可考虑以下原则：①在施工现场的适当位置设置投光灯塔，安装投光灯或镝灯，形成阶梯状照明系统；②施工工厂及其他室外场地照明设备选型应考虑节能、防水等要求；③道路照明，宜架设专用照明线路，要考虑具备自动启、停的功能。

例：溪洛渡水电站大坝混凝土施工中为了满足夜间照明的需要，在坝址上空约高程640.00m 架设 2 根钢丝承载索，悬挂可调节照明角度的灯架系统进行照明。每个灯架上安装 8 盏投光灯，多组灯架按照 60m 的间隔距离安装在承索上，每组灯架采用独立电源供电。每组投光灯设计照度在 50～100lx 之间，经过比对后利用 8 盏 2000W 外场强光投光灯，在距离投光体 320m 远的地方亮度可以达到 80lx，有效照明范围为 70m×70m。照明效果如图 2-1 所示。

图 2-1　溪洛渡水电站坝址夜间照明图

2.6.2　通信规划

施工通信的任务是保证工程施工期工程调度、工程管理及水情预报等信息的迅速、准确、可靠地传递，保持各级部门及全国各地的通信联系。施工通信系统的组成是根据工程规模大小、自动化程度和施工总体布置来确定。

（1）施工通信规划原则：①满足用户对施工通信的基本要求，做到经济、技术合理；②施工通信方案的选择，应进行技术经济比较确定，统筹规划，力求长期、永久相结合，避免重复建设，以降低工程总造价。

（2）施工通信方式的内容：主要通信方式为有线通信、无线通信、网络通信、一点多址微波通信、工业电视图像监视系统等。有线通信主要包括固定电话、专用电话网等。无线通信主要包括移动电话、无线接收器（报话机等）、卫星通信等。使用无线接收器时应根据设备的性能、使用范围及要求经济比较后确定增加基站。

网络通信是新兴的一种通信方式。根据施工现场的场地条件，可以选择采用光纤、无线 WIFI、传统网线等多种组网形式，也可以与移动电话应用相结合，将重点施工部位、加工厂、办公设施、营地等设施连接起来，保证工程建设信息通过网络快速的传递到每个用户手中，也可以通过网络来组织视频会议等。

一点多址微波通信是指在大中型水电工程中，由于施工面大，有些施工地点有线通信很难满足要求，所以采用一点多址通信，它具有面积小、重量轻、移动和安装特别方便的特点，因而特别适用于不易架设通信线路或通信线路容易弄断的地方，采用一点多址的微波通信可以弥补有线通信的不足。

工业电视图像监视系统的投入使用是根据工程规模大小、自动化的程度来确定的，由于电视图像能给人以丰富、真实、客观的信息，以便有关部门随时掌握施工实况和进程，便于及时协调作业，采取应急对策。另外在主要交通地段可以监视工程材料不致流失。

2.6.3 物资设备库

物资设备库应结合总平面布置，根据工程规模、施工工期、所用建筑材料、设备的库存量等综合规划，做到经济、适用和满足施工需要。

（1）物资设备库布置原则：①交通便利，便于运输；②露天堆场和仓库应布置在地势较高处，地形平坦，地面硬化；地基必须高于周边地表，便于排水、防洪、通风、防潮；③环境适宜，周围无腐蚀性气体、粉尘和辐射性物质。水泥库和危险品库应考虑布置的位置以及与相邻建筑物的距离。如水泥库和危险化学品仓库要考虑位于主导风向下方，避免粉尘和有害气体对环境的污染；危险化学品仓库应布置在界区边沿，避开人员活动区，并考虑应急预案实施；④物资设备库应结构牢固，并配置完善的水、电及消防设施；⑤仓储设施必须按规定设置禁止和警告标志。

（2）仓库平面布置。仓库主要划分为仓储作业区、辅助作业区、行政区、院内道路和停车绿化区等，各区主要作业功能及建筑物见表2-30。

表2-30　　　　　　　　　　各区主要作业功能及建筑物

总平面	功能	主要建筑物
仓储作业区	仓储作业区是仓库的主题。仓库的主要业务和物品的保管、检验、分类、整理等都在这个区域进行	库房、货场、站台，以及整理、拆包场所等
辅助作业区	在辅助作业区内进行的活动是为主要业务提供各项服务。例如：设备检修、充电、各类物料和机械的存放等	维修加工以及动力车间、车库、工具设备库、物料库等
行政区	行政生活区由办公室和生活场所组成。一般规划在仓库的主要出入口处并与作业区用隔墙隔开	办公楼、警卫室、检验室、宿舍和食堂等
院内道路	在仓库总面积中需要有库内运输道路。货品出入库和库内搬运要求库内、外交通运输线相互衔接，并与库内各个区域有效连接	道路
停车场绿化区	车辆停放，绿化和环境保护	停车场、绿化区域等

2.6.4 生活设施

生活设施布置原则：①办公区及生活区宜结合施工分期、运行管理要求集中进行布置；②办公区及生活区包括各参建单位的办公、生活设施场地，也可包括一部分设备停放、材料存储、加工修配厂等；③场地应交通方便，远离污染源，具备良好的排水、通风和日照条件，满足消防要求，无地质灾害隐患；④建筑规模应根据施工期和建成后运行管理人数和其他因素综合分析选定，并应满足国家对项目建设用地控制指标的要求。

3 施 工 进 度 规 划

3.1 施工进度编制

3.1.1 施工进度的特点

（1）混凝土工程的施工，受气温条件的影响。在高温季节，要加强骨料的冷却降温和混凝土的散热措施；在寒冷季节，当日平均气温稳定在 5℃ 以下时，要进行冬季作业，增加了混凝土工程的施工难度。因此，在我国南方的高温季节和北方的寒冷季节，混凝土工程的施工强度和上升速度都将受到影响。

（2）混凝土坝一般采取柱状分块分层浇筑，在浇筑过程中，层与层之间，根据温度控制要求，应有一定的间歇时间。特别是基础层，因受基础约束的影响，温控要求严格，需尽量利用有利季节浇筑混凝土，使施工进度受到一定的制约；块体之间的间歇期，随混凝土浇筑的准备工序而异。因此，混凝土坝的上升速度与坝块多少、分层厚度、温控条件及浇筑混凝土的准备工序有直接关系。

（3）混凝土坝在浇筑过程中，要求各坝块均匀上升，相邻坝块和总坝体高差有一定的限制。块体之间的缝面（重力坝的纵缝、横缝，拱坝的横缝），须在混凝土温度降到设计灌浆温度时进行灌浆，使坝体形成整体，才能承受水推力。因此，坝体的二期冷却和接缝灌浆是影响混凝土坝施工进度的一个重要因素。

（4）一般混凝土坝内常设置引水和泄洪建筑物，埋设件和孔洞多，施工干扰大，使坝体上升速度受到限制。同时，在施工过程中，还要考虑汛期洪水对坝内孔洞的影响。

（5）混凝土坝在施工进度安排上，可考虑在坝内设置导流底孔，汛期在坝上留缺口过水，在大流量的河流上，施工导流问题较土石坝容易解决，施工进度安排较为灵活。

3.1.2 施工进度编制原则

施工进度的编制应在枢纽工程总体建设进度的基础上，综合考虑以下原则编制：①符合枢纽工程施工总进度计划确定的开工和竣工日期；②单项活动工期对应的施工工艺应符合技术规范要求；③满足各阶段施工导流和安全度汛对工程形象面貌的要求；④满足蓄水发电、通航、过水、栈桥安装和引水灌溉等对坝体浇筑高程的要求；⑤混凝土施工进度中工作时间应与气候、环境相适应；⑥混凝土浇筑进度应与地基开挖和处理、温度控制和接缝灌浆、金属结构安装及机组埋件安装等的施工进度相协调一致，并按设计规定满足施工期间的安全质量要求；⑦混凝土施工进度应充分考虑运输方案、材料供应、机械配套、施工场地安排等影响因素；⑧混凝土浇筑强度和上升速度应满足设计要求，并留有适当余地。

3.1.3 施工进度编制依据

施工进度的编制依据主要有：相关的法规、技术规范、标准和指令，设计文件及图纸，合同文件，施工组织设计和其他有关的施工条件。其他有关的施工条件可考虑以下八条内容：①施工现场的水文、水文地质和工程地质的勘测资料；②建设地区气温、雨量、风力及地震等有关资料；③建设地区的资源状况及进场材料、设备情况；④建设地区附近的铁路、公路、水路和航运运输情况；⑤供水、供电、供风的方式以及功率等状况；⑥征地及移民搬迁安置状况及提供当地劳动力的计划；⑦自然环境保护、文物古迹保护以及野生动植物保护等规划和要求；⑧已建成的同类或相似工程项目的施工工期。

对于施工阶段编制的进度计划，还应结合以下依据：①工程承包合同：承包合同中有关工期、质量和资金的要求，是确定进度计划的最基本依据。质量控制、投资控制与管理及各类计划，都是通过进度计划的实施才能落实；②施工承包人的管理水平、人员素质和技术水平、施工机械的配置与管理等；③施工详图的供给速度：施工详图是施工的依据，施工进度计划必须与供图进度计划相衔接。一般要求施工详图进度计划应满足施工进度的要求。

在编制工程项目进度计划之前，收集到有关工程建设的各种资料，认真进行分析整理，列出影响进度计划的约束条件及利用条件作为编制计划的依据。

虽然在施工组织设计中已经编制了施工进度计划，但这个进度计划带有预测性和控制性，并不十分具体。因此，必须结合现场和工程实际情况将施工进度计划进一步具体化，以便在工程的施工阶段中能具体实施。

3.1.4 控制施工进度的主要因素

(1) 自然条件。水利水电枢纽工程所在地区的地形、地质、水文、气象等自然条件，特别是水文和气象条件，对混凝土施工影响较大。

1) 水文特性。导流方式、施工分期、施工方法和施工进度计划等都与工程所在河段的水文特性有密切关系。我国多数河流洪枯流量相差悬殊，水位变幅大；山区河流洪峰频繁，陡涨陡落、洪枯相间；大江大河则汛期洪峰历时长、洪量大。此外，北方河流存在冬季封冻、春季流凌壅高水位的现象。水文特性都要求设计选用的导流方式和施工进度计划等与之相适应。

2) 气象条件。工程所在地区的气温、降水（雨、雪）、湿度、冰冻、大风和大雾等气象条件，直接影响混凝土的施工质量和施工进度。

(2) 水工建筑物结构型式。水工建筑物结构型式多样，施工难易程度各不相同，选用的施工方法也不同。

(3) 施工导流与度汛方案。施工导流方案和标准决定了全年可用于混凝土施工的时间。一般说来，如采用较低的围堰挡水标准（如过水围堰），在汛期围堰过水时施工场地被洪水淹没，失去了施工的可能，一年之中只能在枯水季节浇筑混凝土；如：采用全年围堰挡水标准，全年均可施工，可大大加快混凝土施工进度。

大、中型水电站在施工期间一般要跨越一个或几个汛期，施工进度必须满足各阶段工程安全度汛面貌要求，以及拦洪、蓄水发电、通航和引水灌溉的目标，据此可计算出混凝土施工强度，并按可能调动的资源制定各阶段混凝土施工计划，采取可行的混凝土施工措施，以保证总体计划的顺利实施。

（4）砂石系统的供应能力。砂石料是混凝土的主要原材料。如若其生产能力或储备不足，必将造成混凝土生产"断炊"，因此合理地确定砂石料的生产能力和储备量是混凝土生产的关键。

（5）混凝土生产能力。混凝土的生产能力直接与混凝土的施工进度相关。相应设备的合理选型和配套设备是决定混凝土生产能力的关键，各个环节必须相互协调。

（6）其他。此外，坝体混凝土温度控制、接缝灌浆、金属结构安装和坝基基础处理等也是影响施工进度的主要因素，编制时需统筹考虑。如：水工建筑物混凝土工程，采取柱状分块分层浇筑，层与层之间根据温度控制要求，应有一定的间歇时间，特殊部位对温控要求更为严格，使施工进度受到一定的制约。因此，混凝土坝的上升速度与坝块多少、分层厚度、温控条件及浇筑混凝土的准备工序有直接关系。与此同时，浇筑阶段要求各坝块均匀上升，相邻坝块和总坝体高差有一定的限制，块体之间的缝面（重力坝的纵缝、横缝，拱坝的横缝），须在混凝土温度降到设计灌浆温度时进行灌浆，使坝体形成整体，才能承受水推力。因此，坝体的二期冷却和接缝灌浆也是影响混凝土坝施工进度的一个重要因素。

水工建筑物内埋设件和孔洞多，施工干扰大，使坝体上升速度受到限制，在施工过程中，需考虑汛期洪水对坝内孔洞的影响。同时，在坝内设置导流底孔，汛期在坝上预留缺口过水，在大流量的河流上，施工导流问题较土石坝容易解决，施工进度安排较为灵活。

3.1.5 进度计划编制

通过收集基本资料，分析影响工程施工的各种因素，找出混凝土施工的关键工程项目进行控制性进度分析。同时，对整个枢纽的混凝土进行合理的划分，即对它进行合理的分期、分段、分块，在控制性进度和度汛要求的综合考虑下尽量使混凝土的施工强度均匀，削减不合理的高峰，最大限度发挥资源配置的作用。

（1）进度计划编制步骤。

1）收集资料。

A. 气象条件。工程所在地区的气温、降水（雨、雪）、湿度、冰冻、大风和大雾等气象资料。

B. 水工设计图纸。根据设计图纸，分析主要建筑物的施工特性，如：大坝结构型式、最大坝高、分缝分块、廊道及各种孔洞的设计部位、金属结构埋件（含钢衬）的埋设位置、二期混凝土的施工部位、基础处理及接缝灌浆等。

C. 施工总进度计划。根据施工总进度计划，分析混凝土施工基础交面时间、混凝土施工完成时间及要求在某时间前必须完成的混凝土工程形象等，作为混凝土施工的工期限制条件。

D. 施工导流方案。根据施工导流方式和导流标准，分析混凝土施工期内每年可提供混凝土施工的时间，作为编制混凝土施工进度的重要依据。

E. 混凝土主要施工技术要求。在混凝土主要施工技术要求中，如：混凝土浇筑层厚、层间间歇期、温度控制、特殊结构的施工程序等，均对混凝土施工进度有较大的影响。

F. 混凝土施工方案。混凝土施工方案对施工进度有重要影响，主要表现在混凝土施工机械的安装工期、设备拆迁、栈桥设置、金属结构安装方法、施工机械生产效率、机械配套及仓面作业等对混凝土施工时间的影响。

G. 同类型或相似工程施工进度资料。

不同坝型混凝土浇筑强度和上升速度参考值见表3-1、表3-2。

表3-1　　　　　　　　　不同坝型混凝土月平均浇筑强度参考值

混凝土总量 /万m³	月平均浇筑强度 /万m³	月强度占总量百分比 /%
20～60	1.2～3.0	6.0～5.0
60～120	2.5～4.5	4.0～3.75
120～250	3.5～6.0	3.0～2.4
250～500	5.0～12.0	2.4～2.0

表3-2　　　　　　　　　　　坝体上升速度参考值

坝型	一般坝段/(m/月)	引水、溢流坝段/(m/月)	闸坝/(m/月)
重力坝	4.0～6.0		
重力拱坝	4.0～6.0	3.0～4.5	4.5～7.5
薄拱坝	6.0～7.5		
轻型坝	4.0～5.5		

2）施工技术条件分析。对实施拟定的施工进度计划中遇到的技术问题，如：施工布置、机械设备、温度控制和施工干扰等，应进行专门分析，并提出解决的措施。

3）编制施工进度计划。混凝土施工进度计划的编制应以关键性项目的施工进度为主线，安排其他各建筑物混凝土施工进度，初步拟定施工进度计划表。在施工进度计划表内应设置进度控制点，如防洪度汛高程、发电高程等，并对编制的施工进度和上升高度进行复核：① 是否满足各时期的防洪度汛和发电要求；② 主体工程的施工进度和上升高度能否达到要求；③ 各主体工程之间、主体工程和导流工程、主体工程各工序之间是否衔接合理。复核后如有矛盾应及时调整。

4）施工强度计算。计算主体建筑物的分高程混凝土工程量，根据初步拟定的施工进度计划计算各月、各年的混凝土施工强度。若施工强度不均匀系数过大、高峰强度或不利的施工季节施工强度过高，则应对混凝土施工进度进行进一步调整。调整的主要措施为：①利用非关键项目的自由时差，延长其施工时间，降低施工强度；②调整非关键线路的开工和完工时间，以达到削峰和填谷的目的；③降低不利季节的混凝土浇筑层厚或适当延长层间间歇时间，降低不利季节混凝土施工强度。

5）编写文字说明或专题报告。编写的混凝土施工进度文字说明或专题报告的内容应包括控制性进度计划，各年度汛前的混凝土工程形象，高峰期施工强度，设备、物资、劳动力、资金使用计划，安全文明施工和环境保护措施，质量控制措施等。混凝土工程施工组织设计编制步骤见图 3-1。

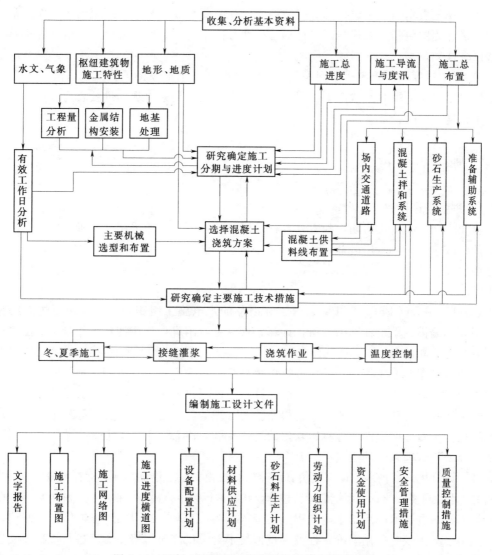

图 3-1　混凝土工程施工组织设计编制步骤示意图

（2）常用表达方式。施工进度计划的表达方式有许多种，常用的有横道图、网络图和形象进度图等表达方式。

1）横道图。横道图（又称甘特图），即用一根横道在时间表格里表现活动（又称工序、任务）的起讫时间，是人们非常熟悉、最常用的方法，被广泛用于工程项目的进度管理工作中。横道图简单明了、容易理解、绘制，所以至今仍被广泛应用。但横道图作为计划表达的工具，不能清晰、严格地反映活动之间的相互依赖、相互制约的关系。因此，它在应用时受到很大局限。

2）网络图。网络图根据网络计划原理进行编制，它能把施工对象的各有关施工过程组成一个有机的整体，能全面而明确地反映出各施工工序之间的相互依赖的关系。它可以拟订各种时间的参数计划，能在工序繁多、错综复杂的计划中找出影响工程进度的关键工序，能直观地表示出施工过程的关键线路，抓住主要矛盾，分析比横道图更全面。常用的工程网络计划图包括：双代号网络计划、单代号网络计划、双代号时标网络计划和单代号搭接网络计划。

3）形象进度图。形象进度图是用二维剖面图、三维形象图或浇筑高程表、上升层数表等，表达出某一段时间状态下工程建设的进展情况，是最直观的进度表达方法，但不易反映工程量方面的特征。

3.2 施工进度管理

3.2.1 进度管理平台

自 20 世纪 80 年代初期，随着计算机及网络的发展，开始采用计算机软件编制施工进度，如：project、P3（Primavera Project Plannor）及近几年出现的 P6 都是很好的施工进度编制软件，其中 P3（Primavera Project Planner）进度软件使用时间较长、应用范围最为广泛。

（1）Primavera P6R8 EPPM 软件。在以往的水电施工组织设计中，施工进度编排通常采用人工编排、手工计算的方法，计算繁琐、更新困难，相应调整工作量大。随着计算机的普及，逐渐被 P3（Primavera Project Planner）进度软件所取代。P3 进度软件主要用于工程项目管理的进度管理，并能进行费用分析。在输入各项目工期、最早开工时间、项目间逻辑关系等基本资料后，经过进度计算得出该项目的关键路线及非关键路线的自由时差，通过控制、管理资源及资源平衡得出较为合理的施工进度，并在实际施工中进行动态跟踪，适时更新进度。随着计算机软件的飞速发展，P6R8 EPP 软件逐步代替了 P3 软件，成为现今项目管理软件的主流。

（2）计算机仿真技术。计算机仿真也称计算机模拟，是借助高速、大存储量数字计算机及相关技术，对复杂的真实系统的运行过程或状态进行数字化模仿的技术，也称为数字仿真。

计算机仿真技术应用于水电工程施工近 40 年，最早于 20 世纪 70 年代初，修建奥地利施立格混凝土坝时采用了确定性数字模拟技术对缆机浇筑混凝土方案进行优选，实践表明，模拟的浇筑速度和进程与实际施工情况非常吻合。20 世纪 80 年代初，我国首先在二滩水利水电工程大坝施工组织设计中采用该技术，进行了类似的研究，效果较好。此后越来越多的水电工程开始应用，应用范围从辅助施工组织设计扩展到结构设计、三维动态显示等；从仿真单一的混凝土坝浇筑到仿真土石坝施工、截流施工、地下工程施工等；应用目标从静态的方案优选发展到动态的实时控制等；从最初把仿真成果仅仅作为一种不重要的决策参考，逐渐发展成水电工程、尤其是大型水电工程规划、设计和施工管理中不可缺少的技术手段。如水口水电站大坝施工采用了计算机仿真实时控制技术；三峡水利枢纽工程二期混凝土大坝浇筑已开发了功能强大的计算机仿真系统，可以快速评价承包商提交的施工总进度计划，能够对技术措施进行定量分析，快速比较多种浇筑方案，对混凝土施工进行各种因素的敏感性分析，对工程进度进行实时控制，还可对浇筑过程进行三维动态显示等。

3.2.2　施工强度指标

混凝土工程一般要求连续、均衡、快速施工，衡量工程的施工综合技术经济指标很多，如混凝土坝浇筑强度、上升速度、混凝土坝浇筑不均匀系数、混凝土施工经济技术指标、混凝土浇筑强度曲线等，其中实际应用于计划编制最主要的指标是混凝土施工强度。不同的工程由于建设的具体条件不一样，强度指标也各不相同。

（1）施工强度指标分析。

1）工程总进度决定了本工程的完工时间，根据其工程特性、工程量的特点和以往同类工程的施工经验，分析必须采取何种技术方案和配置那些设备才能满足本工程的施工强度指标要求。

2）根据当地自然规律，在充分调查研究水文气象资料的基础上，确定施工高峰期的时段，初步拟定出在此高峰期内必须达到的工程面貌，并计算出目标下的工程量。

3）分析当地的气象、水文、地理、社会、人文条件可能会使工程进度产生加快或拖后的影响。

（2）施工强度指标的确定。

1）以高峰期内必须完成的工程量计算出高峰期的月平均强度。

2）因为施工的不均匀性、施工期内各种因素的影响，设备不能完全发挥它的应有效率，有的月份可能强度会较低，那么其他月份就必须达到更高的强度，因此设计的最高月强度必须乘以一定的系数。各种不同坝型的月、日不均匀系数见表3-3，但必须指出的是，随着浇筑技术的进步、施工设备的日益先进和管理技术的不断提高，有些资料可适当调整。影响月、日不均匀系数的因素见表3-4，选取时应根据工程和施工的具体情况综合分析，予以确定。

表3-3　　　　　　　　　混凝土浇筑高峰年的月、日不均匀系数

坝型	重力坝	轻型坝	河床式闸坝
月不均匀系数	1.2~1.5	1.3~1.7	1.5~1.8
日不均匀系数	1.1~1.3	1.2~1.4	1.3~1.5

表3-4　　　　　　　　　　影响月、日不均匀系数的因素

序号	影响因素	月、日不均匀系数	
		选用偏大值	选用偏小值
1	工程规模	规模较小	规模较大
2	工程结构复杂程度	工程复杂	工程简单
3	坝型	轻型坝	重型坝
4	水文气象条件	恶劣	较好
5	截流方式	多次截流、分期围堰	一次截流、河床外导流
6	施工队伍水平	水平较低	水平较高
7	施工条件	条件较差	条件较好
8	施工机械化程度与设备情况	程度低、设备差	程度高、设备较先进
9	温控要求和温控手段	要求高、手段差	要求低、手段较强

3）因某些技术要求，如大仓面混凝土浇筑，为保证坯层在初凝时间内完成覆盖，往往必须提高浇筑强度，并以此作为控制条件。

4）根据月施工强度可以推算出日和小时施工强度，一般一个月按照 25d 工作时间计算，一天按照 20h 工作时间计算。

5）不同季节、不同地区的气候条件会对设备和人工的工效造成降低；复杂坝型模板和钢筋安装量较大而使仓面的准备工作较长，影响浇筑进度。表 3-5～表 3-7 可作为确定施工强度时的参考。

6）确定施工进度后则对所需设备的实用生产率提出要求。

表 3-5 　　　　　　　　　不同季节混凝土浇筑机械效率参考值　　　　　　　　　%

项目	温和	寒冷	严寒
门机	100	80	65
塔机	100	80	65
缆机	100	80	60

表 3-6 　　　　　　　　　　　高原地区施工定额系数

海拔/m	<1500.00	1500.00～2000.00	2000.00～2500.00	2500.00～3000.00	3000.00～3500.00
机械	1.00	1.15	1.25	1.35	1.45
人工	1.00	1.05	1.10	1.15	1.20

表 3-7 　　　　　　　　　　不同坝型浇筑仓面准备时间

工程名称	坝型	准备时间/d	工程名称	坝型	准备时间/d
三峡	重力坝	3	梅山	连拱坝撑墙	7～8
小湾	拱坝	4	青铜峡	闸坝	7～10
恒仁	大头支墩坝	5	葛洲坝	预应力闸墩	10～15

（3）国内外部分工程混凝土施工强度。前苏联古比雪夫水电站大坝、厂房和两座船闸同时浇筑，最高月浇筑强度 38.9 万 m^3/月；美国大古力坝 37.8 万 m^3/月；巴西巴拉圭伊泰普 33.9 万 m^3/月；美国德沃歇克坝 18.4 万 m^3/月。国内二滩大坝 16.5 万 m^3/月；三峡大坝最高月浇筑强度 55.4 万 m^3/月；小湾大坝 22.2 万 m^3/月。国内外部分工程混凝土高峰强度见表 3-8。

表 3-8 　　　　　　　　国内外部分工程混凝土高峰浇筑强度一览表

工程名称	国别	混凝土总量/万 m^3	高峰月强度/(万 m^3/月)	高峰年强度/(万 m^3/年)	混凝土主要施工方案
三峡	中国	2800	58.0	542.8	6 台塔带机为主，辅以门、塔机和缆机
古比雪夫	苏联	734	38.9	313.4	自卸汽车为主
伊泰普	巴西、巴拉圭	1228	33.9	302.8	5 台平移式缆机为主
大古力	美国	809	37.8	270.0	高栈桥双悬臂起重机为主

工程名称	国别	混凝土总量 /万 m³	高峰月强度 /(万 m³/月)	高峰年强度 /(万 m³/年)	混凝土 主要施工方案
惠特斯	墨西哥	280	24.8	210.0	3 台塔带机为主
葛洲坝	中国	1048	23.9	202.9	门、塔机
小 湾	中国	870	22.2	248.7	6 台平移式缆机为主
德沃歇克	美国	512	18.3	221.0	3+1 台缆机为主
二 滩	中国	415	16.5	155.2	3 台辐射式缆机为主
溪洛渡	中国	685	21.6	204.0	5 台平移式缆机为主
锦屏一级	中国	540	19.0	200.0	4 台平移式缆机为主

3.2.3 施工进度优化

进度计划的优化是指在一定的约束条件下，按既定目标对进度计划进行动态管理不断改进完善，以寻求合理经济方案的过程。进度计划的优化可分为工期优化、费用优化和资源优化三种。

（1）工期优化。工期优化是指进度计划的工期不能满足要求工期时，通过压缩关键工作的持续时间以满足要求工期目标的过程。

工期优化的基本方法在不改变计划中各项工作之间逻辑关系的前提下，通过压缩关键工作的持续时间来达到优化目标。在工期优化过程中，按照经济合理地原则，不能将关键工作压缩成非关键工作。此外，当工期优化过程中出现多条关键线路时，必须将各条关键线路的总持续时间压缩相同数值，否则，不能有效地缩短工期。

工期优化按下列步骤进行：

1）确定初始进度计划的计算工期和关键线路。

2）按要求工期计算应缩短的时间 ΔT：

$$\Delta T = T_c - T_r \tag{3-1}$$

式中 T_c——计算工期；

　　　T_r——要求工期。

3）选择应缩短持续时间的关键工作。选择压缩关键工作应考虑下列因素：①缩短持续时间对质量和安全影响不大的工作；②有充足备用资源的工作；③缩短持续时间所需增加的费用最少的工作。

4）将所选定关键工作的持续时间压缩至最短，并重新确定计算工期和关键线路。若被压缩的工作变成非关键工作，则应延长其持续时间，使之仍为关键工作。

5）当计算工期超过要求工期时，则重复以上步骤进行工期优化，直至计算工期满足要求工期或计算工期已不能再缩短为止。

6）当所有关键工作的持续时间都已达到其能缩短的极限而寻求不到继续缩短工期的方案，但计划的计算工期仍不能满足要求工期时，应对计划的原技术方案、组织方案进行调整，或对要求工期重新确定。

（2）费用优化。费用优化又称工期成本优化，是寻求总成本最低时的工期安排，或要求工期寻求最低成本的计划安排过程。

费用优化的基本思路：在计划中找出直接费用最小的关键工作，缩短其持续时间，同时考虑间接费随工期缩短而减少的数值，最后求得总成本最低时的最优工期安排或按要求工期求得最低成本的计划安排。

费用优化按下列步骤进行：

1）按工作的正常持续时间确定计算工期和关键线路。

2）计算各项工作的直接费用率。

3）当只有一条关键线路时，应找出直接费用率最小的一项关键工作，作为缩短持续时间的对象；当有多条关键线路时，应找出组合直接费用率最小的一组关键工作，作为缩短持续时间的对象。

4）对于选定的压缩对象，首先比较其直接费用率或组合直接费用率与工程间接费用率的大小：①如果被压缩对象的直接费用率或组合直接费用率大于工程间接费用率，说明压缩关键工作的持续时间会使工程总费用增加，此时应停止缩短关键工作的持续时间，原方案即为优化方案；②如果被压缩对象的直接费用率或组合直接费用率不大于工程间接费用率，说明压缩关键工作的持续时间不会使工程总费用增加，应缩短关键工作的持续时间。

5）当需要缩短关键工作的持续时间时，其缩短值的确定必须满足下列要求：① 缩短后工作的持续时间不能小于其最短持续时间；② 缩短持续时间的工作不能变成非关键工作。

6）计算关键工作持续时间缩短后相应增加的总费用。

7）重复以上步骤进行费用优化，直至计算工期满足要求工期或被压缩对象的直接费用率或组合直接费用率大于工程间接费用率为止。

8）计算优化后的工程总费用。

（3）资源优化。资源优化的目的是通过改变工作的开始时间和完成时间，使资源按照时间的分布符合优化目标。

通常情况下，资源优化分为两种，即"资源有限，工期最短"的优化和"工期固定，资源均衡"的优化。前者是通过调整计划安排，在满足资源限制条件下，使工期延长最少的过程；而后者是通过计划安排，在工期保持不变的情况下，使资源需用量尽可能均衡的过程。

资源优化的前提条件是：①在优化过程中，不改变计划中各项工作之间的逻辑关系和持续时间；②计划中各项工作的资源强度为常数，并且是合理的；③除规定可中断的工作外，一般不允许中断工作，应保持其连续性。

1）"资源有限，工期最短"的优化一般按以下步骤进行：

A. 按照各项工作的最早开始时间安排进度计划，并计算计划每个时间单位的资源需用量。

B. 从计划开始工期起，逐个检查每个时段资源需用量是否超过所能供应的资源限量。如果在整个工期范围内每个时段的资源需用量均能满足资源限量的要求，则可进行优化方案。否则，必须转入下一步进行计划的调整。

C. 分析超过资源限量的时段。如果在该时段内有几项工作平行作业，则采取将一项工作安排在与之平行的另一项工作之后进行的方法，以降低该时段的资源需用量。

D. 对调整后的计划安排重新计算每个时间单位的资源需用量。

E. 重复以上步骤，直至计划整个工期内每个时间单位的资源需用量均满足资源限量为止。

2）"工期固定，资源均衡"的优化。安排进度计划时，需要使资源需用量尽可能地均衡，使整个工程每个时间单位的资源需用量不会出现过多的高峰和低谷，有利于工程建设的组织和管理，而且可降低工程费用。

"工期固定，资源均衡"的优化方法有多种，如方差值最小法、极差最小法、削高峰法等。

3.2.4 进度跟踪反馈分析

进度跟踪是进度计划实施过程中的控制，计划执行过程中往往由于施工条件、资源变化而出现实际施工进度与计划不相吻合的情况，进度跟踪对工程能否按期完成意义重大。在编制本期周、月、季度及年计划时需对上期计划完成情况进行详细地统计，找出计划执行中存在的偏差及未完成的项目，分析偏差出现的原因并采取补救措施。导致计划不能按时完成的原因多种多样，如由于对现场施工条件发生变化导致施工难度增加，人工出现降效；人力、设备资源的投入与计划相比时间滞后，人力、机械设备不能及时到位等情况。原因分析清楚后应积极采取措施，加大资源投入、采取激励措施进行赶工或调整非关键项目的进度计划等措施确保关键项目按期完成。

进度跟踪反馈分析关键的环节是工程施工过程信息的及时反馈，信息反馈的手段有多种。如：溪洛渡水电站利用大坝施工管理信息系统中配套的手持式无线终端设备、RFID射频识别设备和数字传送技术等多种手段，及时将施工现场原始数据反馈至客户终端，并自动统计汇总，使管理者能够及时了解过程进度情况，便于进度分析和调整。

4 混凝土浇筑方案规划

4.1 施工方案的选择

4.1.1 选择原则

（1）施工方案选择一般应遵循以下原则：①混凝土生产、运输、浇筑及温度控制等各施工环节衔接合理；②施工机械化程度符合工程实际，保证工程安全、质量的前提下满足工程进度和节约工程投资；③施工工艺先进、可靠，设备配套合理，综合生产率高；④混凝土生产连续，运输中转环节少、运距短，温度控制措施简易、可靠；⑤初、中、后期浇筑强度协调平衡；⑥混凝土施工与金属结构、机电设备安装之间相协调。

（2）施工方案应考虑的因素。混凝土浇筑方案对工程质量、进度和经济效益均有直接影响，综合各方面的影响因素，经技术、经济比较后选定。在选择方案时，一般需考虑下列因素：①施工现场地形、地质和水文气象特点、导流方式及分期；②水工建筑物的结构、规模、工程量与浇筑部位的分布情况，以及浇筑强度、分层分块等特点；③总进度计划确定的各施工阶段的控制性工期；④混凝土拌和楼（站）的布置和生产能力；⑤混凝土运输设备的型式、性能和生产能力，⑥模板、钢筋、金属结构件的运输、安装方案；⑦施工队伍技术水平、熟练程度和设备状况。

（3）施工方案选择的基本步骤。

1）根据水工建筑物的类型、规模、布置和施工要求，结合工程具体情况提出各种可行的浇筑运输方案，并经初步分析选择几个主要方案。

2）根据总进度要求，对主要方案进行各种主要机械设备选型、台数计算，结合工程具体情况进行布置，同时计算辅助设施的工程量等，并从施工方法上论证实现总进度的可行性。

3）对主要方案进行经济、造价计算。

4）对主要方案进行技术、经济分析，综合方案的主要优缺点。

5）通过对方案的优缺点比较，综合技术上先进、经济上合理、设备供应可靠等要求，因地制宜地确定推荐方案和备用方案。

4.1.2 组合形式

混凝土垂直运输方案主要有：缆机、门（塔）式起重机、胶带机、履带式起重机、轮胎式起重机、长臂反铲、混凝土泵、满管溜管、负压溜槽和自卸车运输（用于碾压混凝土）等多种方式。目前，国内已形成缆机、门（塔）式起重机、带式机三种主导机械类型为主的运输方案。混凝土水平运输方案主要有：有轨运输、无轨运输和带式机运输等。

水工建筑物混凝土施工，在满足工程安全、质量、施工进度和强度要求的前提下，采用不同的混凝土运输方式和入仓方式，可形成多种混凝土浇筑运输方案。主要运输方案有以下五种：①缆机方案：侧卸车或自卸汽车运送混凝土卸入卧罐或立罐，缆机吊运入仓；②门（塔）机方案：侧卸车或自卸汽车运送混凝土卸入卧罐或立罐，门、塔机吊运入仓；③带式机方案：直接从拌和楼接料输送至仓面、自卸汽车经转料斗由带式机输送入仓；④混凝土泵：混凝土搅拌车运送混凝土，混凝土泵入仓；⑤汽车入仓：多用于碾压混凝土坝。

从混凝土运输浇筑角度看，建筑物的规模是决定混凝土施工方案的主要因素。混凝土工程大体上可分为特高坝、中高坝和低水头工程三大类。特高坝坝高超过250m，工程规模大，垂直运输占主导地位，以缆机为主，辅以门、塔机和带式机。中高坝坝高在50～250m，工程规模较大，以缆机、门机、塔机和专用带式机为主，采用门、塔机往往需设起重机栈桥。低水头工程，如：闸坝、水闸、船闸、护坦和厂房等，选用门机、塔机、履带式起重机和长臂反铲等作为主要方案，国内个别工程也采用专用带式机运输。目前，国内已形成缆机、门（塔）式起重机、带式机三种主导机械类型为主的运输方案。

4.2 混凝土浇筑施工布置

4.2.1 缆机

缆机已逐步成为水利水电工程混凝土入仓的主要设备之一，特别是在较窄的高山峡谷地区修建混凝土工程，国内外均已广泛应用。目前，国内外水电工程采用的缆机基本以大型、高速和自动化控制为主。

（1）缆机的特点。缆机具有跨距大、效率高、工作范围大等特点。其主要优点是：①浇筑范围广且不受坝体浇筑高度的影响；②缆机运行不受导流、度汛和基坑过水影响；③有利于初期施工，缆机可在截流前安装完成，可协助截流和基坑开挖等设备吊运；④使用时间长，生产效率高；⑤除吊运混凝土外，还可承担钢筋、模板、金属结构件、机组埋件和机械设备等各种构件吊运和安装。

（2）缆机的类型与性能。缆机的类型繁多，按两岸塔架布置型式和运动方式可分为：固定式缆机、摆塔式缆机、平移式缆机、辐射式缆机、索轨式缆机等几种基本机型，另外还派生出 H 型和 M 型缆机、斜平移式、辐射双弧移式缆机、摆塔辐射式缆机等多种机型。目前国内已建和在建的水利水电工程采用的缆机，多为平移式和辐射式，少数工程采用固定式和摆塔式，常用缆机适用条件与布置要点见表4-1。

表 4-1　　　　　　　　常用缆机适用条件与布置要点

类型	适 用 条 件	缆索支撑结构	布 置 要 点
平移式	1. 控制面积为矩形，适用于高山峡谷高坝枢纽，尤其是直线型重力坝、坝后厂房枢纽； 2. 两岸地形基本对称，有比较平缓的地形或阶地； 3. 枢纽工程量较大，工期较长	1. 塔架式； 2. 拉索式	1. 缆机两岸轨道平行； 2. 使用多台时，应划分每台工作区段，可以形成平面轨道分段、前后错轨式或高低平台穿越时，但必须互不干扰； 3. 混凝土供料线布置在主塔一侧

类型	适　用　条　件	缆索支撑结构	布　置　要　点
辐射式	控制面积为扇形，适用于峡谷区高坝枢纽；两岸地形不对称，地形复杂，枢纽混凝土工程量大，工期长	固定及行走塔架，固定桅杆和行走塔架	一岸为固定塔；另一岸为弧形轨道移动塔，台数多时，可采用集中或分散的固定塔布置，水平供料线常布置在固定塔一侧
固定式	控制面积为条带，灵活性较小，适用于峡谷区断面宽度较小的高坝。两岸地形陡峻，宜用于辅助工作、混凝土量较小的工程	固定塔架	两岸为固定塔，或采用锚桩

　　小湾水电站施工时共布置 6 台平移式高低缆机布置形式见图 4-1，其缆机性能参数见表 4-2。

图 4-1　小湾水电站平移式高低缆机布置形式

表 4-2　　　　　　　　　　小湾水电站缆机性能参数表

序号	项　目　名　称	单　位	高缆	低缆
1	型式		平移式无塔架缆机	
2	台数	台	2	3
3	起重机工作级别		F. E. M. A7	
4	额定起重量	t	30	30
5	跨距	m	1158.168	1048.168
6	吊钩总扬程	m	350	300
7	工作状态计算风压	N/m	250	
	非工作状态计算风压	N/m	800	

序号	项目名称	单位	高缆	低缆
8	满载时承重索最大垂度	m	63±1	55±1
9	左岸轨道长	m	266.3	232.8
10	右岸轨道长	m	276.3	232.8
11	左岸承载索支点高程	m	1380.0	1330.0
12	右岸承载索支点高程	m	1365.0	1317.0
13	视坡角	(°)	0.7420	0.7106
14	缆机浇筑高程范围	m	953.0～1245.0	953.0～1245.0
15	供料线有效长	m	250.3	216.8
16	上游控制线与拱坝中心线夹角		76°46′41″	76°46′41″
17	小车横移速度	m/s	7.5	
18	满载起升速度	m/s	2.2	
19	满载下降速度	m/s	3.0	
20	空罐升降速度	m/s	3.0	
21	大车运行速度	m/s	0.2	
22	同层两台缆机靠近时承载索间最小距离	m	12.2	
23	主塔前后轨距	m	8.5	
24	副塔前后轨距	m	4	
25	缆机非正常工作区范围	m	120	110

（3）缆机的选型。缆机类型的选择，主要是根据枢纽建筑物的特点和河谷两岸的地形地质条件确定。一般情况下，应优先选用成熟运行经验的国产缆机，宜选用同一类型，必要时可引进国外技术和经验，设计制造新型的快速缆机。在进行缆机选型时，还要充分利用缆机的特性，扩大浇筑控制范围。缆机控制的平面范围应尽可能全部覆盖枢纽建筑物，如因地形地质条件限制，局部可采用其他浇筑设备［如门（塔）机］配合施工，这时需研究安全运行措施，在一般情况下，两者不应交叉作业。

（4）缆机布置应考虑的主要因素：①适用于河谷较窄的坝址；②缆机机型及布置型式，根据两岸地形、地质、坝型及工程布置、浇筑强度、设备布置等进行技术经济比较后选定；③混凝土供料线应平直，设置高程尽量接近坝顶，不宜低于初期发电水位，不占压或少占压坝块；④尽量缩短缆机跨度和塔架高度，以减少基础平台宽度和长度，节约工程量；⑤承重缆垂度可取跨度的5％～6％，缆索端头高差宜控制在跨度的5％左右，供料点与塔顶水平距离不宜小于跨度的10％，并力求重罐下坡运输。

4.2.2 门（塔）机

（1）门（塔）机特点。门（塔）机具有拆卸及安装快、起重量大等特点。用于浇筑混凝土时（浇筑工况），各机构运行速度快，施工高峰期每小时可达12～15个工作循环，吊装金属结构时（安装工况），通过改变滑轮组可提高吊重。

门（塔）机往往需要施工栈桥配合以扩大控制范围，配施工栈桥的主要优点：操作灵活方便，控制浇筑范围较大，水平运输系统变更少，使用时段长，台班费用低。其主要缺点是：架设栈桥需要一段时间，栈桥下部混凝土形成死区，需采用其他措施浇筑。

门（塔）机主要适用于河床宽、混凝土工程量大、浇筑强度高、工期长的工程。

（2）门（塔）机布置。门（塔）机选型应与水工建筑物的布置特点（如：高度、平面尺寸和块体大小等）、混凝土拌和楼及供料运输能力相协调，若需多台门（塔）机时，其型号宜尽量相同。在满足施工进度和浇筑强度的前提下，同一轨道上的门（塔）机不应过于拥挤，以免相互干扰，影响生产效率。

门（塔）机布置主要有坝外布置、坝内栈桥和蹲块布置三种型式，坝内栈桥布置又可分为坝内独栈桥、坝内多栈桥、主辅栈桥等。

1）坝外布置。当门（塔）机布置在坝体一侧或上、下游两侧同时布置，浇筑范围可控制整个坝体时采用。与建筑物距离，以不碰到坝体和满足门（塔）机的安全运转为原则。

2）坝内独栈桥布置。当坝体宽度大于所选用的门（塔）机最大回转半径或上、下游布置，坝体中部仍有浇筑不到的部位时，可将门（塔）机布置在坝内，栈桥高度视坝高、门（塔）机类型和混凝土拌和系统出料高程选定。

3）坝内多栈桥布置。适用于坝底宽度较大的高坝或坝后式厂房的施工。一般在坝内或厂坝之间各布置一条平行于坝轴线的栈桥。栈桥需要"翻高"，门（塔）机随之向上拆迁。水平运输与门（塔）机共享栈桥，也可单独布置运输栈桥。

4）主辅栈桥布置。在坝内布置起重机栈桥，在下游或上游坝外布置运输混凝土的运输栈桥。这种布置，取决于混凝土拌和系统供料高程的坝区地形、导流标准及枢纽特性等因素。

5）蹲块布置。门（塔）机设置在已浇筑的坝体上，随着坝体上升分次倒换位置而升高，一般采用拆除方便的小门、塔机，每次翻高上升为15～25m［其他门（塔）机可达最大高度］。这种方式施工简单，但运行与浇筑范围受限制，倒运次数多，增加施工干扰，影响施工进度。

（3）施工栈桥布置。施工栈桥是一种临时建筑物，一般由桥墩（含支架）、梁跨结构和桥面系统三部分组成。桥面结构与公路桥或铁路桥一致，门（塔）机梁外侧设有悬臂式人行道，宽1.5～2m，以利施工人员通行。大坝完工后一般需拆除，拆除后大部分可回收或转移到另一个工地继续使用。栈桥可参照铁路高架桥进行设计，但因系临建设施，其设计要求及计算方法比铁路高架桥简单，但需结合水工施工特点的特殊要求（如荷载大、结构应与坝体相协调等）。

栈桥的主要任务包括：行驶门（塔）机，进行混凝土浇筑、金属结构及机电设备安装，以及大型模板、预制构件吊装、架设等工作；行驶运输车辆，运输混凝土、金属结构、机电设备、预制件及其他预埋件等。

栈桥布置包括栈桥道数、各道栈桥的平面位置和高程的确定。在大坝混凝土施工中，必须根据枢纽布置、坝址地形、建筑物尺寸及型式、起重机性能、运输线路布置及分期导流度汛的要求等因素，综合研究，合理布置。

施工栈桥的布置设计的一般原则是：①充分利用门（塔）机的性能，发挥其工作效率，满足施工的要求；②尽量减少施工栈桥的跨度和高度，栈桥的布置与坝体的宽度相协调；③满足导流、蓄水、工程分期的需要，不得与各期导流、度汛和水库蓄水相矛盾；④避免或减少对土建和金属结构安装的矛盾；⑤满足快速安装的要求，栈桥的安装时间与建筑物施工进度相协调，并尽可能提前安装，少占用建筑物施工直线工期。

4.2.3　带式机

（1）带式机特点。带式运输机是一种构造简单的轻型运输设备，可将混凝土直接入仓，也可作为转料设备。其主要优点是：设备投资低，对基础和支架的坚固程度要求较低，对地形变化适应能力强，操作方便，生产效率高，能够连续均匀运送等。其主要缺点是：混凝土在运输和卸料时易产生骨料分离和水泥砂浆损失，夏季使用时薄层运输混凝土与大气接触面积大，对混凝土温控不利，不宜浇筑多级配混凝土等。常规的带式机难以满足混凝土施工质量要求，使其应用受到很大限制，过去一般只用来运输碾压混凝土。20 世纪 90 年代后，带式机运输混凝土发展较快，国内也引进了专用运输混凝土的带式机设备。

在混凝土浇筑方案中，带式运输机的生产效率高，如带宽 762mm 的带式机，带速为 $190 \sim 230 \text{m/min}$，小时生产率可达 $240 \sim 450 \text{m}^3/\text{min}$。因此，必须有与之相适应的混凝土平仓、振捣设备以及运行管理和技术措施，否则极易造成骨料砂浆分离和因平仓、振捣不及时而导致混凝土不密实的质量事故。此外，带式机一旦发生故障，其上的混凝土不易清理，并对混凝土的浇筑影响较大。因此，应保证带式机的安装质量和健全运行维修制度。如：三峡水利枢纽工程大坝选用了以美国洛泰克公司生产的塔带机为主的浇筑方案，2000 年创造了年浇筑 542 万 m^3 混凝土的世界纪录。该公司生产的塔带机采用槽形运输胶带、刮刀、下料象鼻管等一系列混凝土运输专用设备，最大限度地减少了混凝土运输过程中骨料分离、灰浆损失、布料不均匀等缺陷，提高了胶带机浇筑混凝土的质量。

（2）带式机布置。目前，混凝土专用带式机浇筑设备主要分为塔带机和移动式带式机两大类。

1）塔带机布置及其配套设备。塔带机是将塔机和带式机有机结合而成的一种大坝混凝土浇筑设备。将混凝土水平运输、垂直运输和仓面布料功能融为一体，适应于连续高强度施工。塔带机一般多布置在坝体内，以扩大其控制范围，并随大坝混凝土的浇筑上升而自升。要求坝基开挖完成后抓紧塔带机系统安装、调试和运行，使其尽快投入正常生产。另外，塔带机主要以混凝土浇筑任务为主，大量的金属结构安装、模板及钢筋吊运和仓面设备转移等工作宜布置其他辅助起重设备进行，以避免因塔带机工况转换而影响浇筑效率。

塔带机是一个系统，要求从拌和楼、水平运输、垂直运输至仓面作业一条龙配套。拌和楼要求能连续生产出满足塔带机浇筑强度的混凝土，避免因供料不连续，在胶带上的料头、料尾产生骨料分离。水平运输宜选用混凝土专用胶带机，其运输强度应不低于胶带机的入仓强度，供料线应结合地形条件短距离布置，供料线上方应设置防雨保温装置。

塔带机浇筑混凝土具有一定的布料功能，在操作熟练时，可以均匀布料，但由于塔带机浇筑入仓速度快，易出现混凝土堆积现象，因此仓面需配备平仓机。塔带机浇筑存在盲区、死区，这些区域可采用塔带机定点下料，平仓机推料的浇筑方式，也可采用在仓面上设布料机进行浇筑。

塔带机浇筑速度快，仓面配备的振捣设备能力应与塔带机浇筑能力相适应。一般配备两台 8 个振捣棒的平仓振捣机。平仓振捣机主要用于内部大体积混凝土振捣，模板、止水（浆）片和预埋件周围的混凝土应人工振捣。

塔带机不宜运送砂浆，层间结合面需浇筑其他混凝土料代替砂浆。三峡水利枢纽工程通过现场试验确定采用浇筑厚 40cm 的三级配富浆混凝土或厚 20cm 的二级配混凝土（上游防渗层）代替砂浆，以保证层间结合。

2）移动式带式机布置。移动式带式机主要有：移动式布料机、轮胎式胶带机、履带式胶带机等。移动式带式机布置灵活、移位快捷，特别适用于基础块、护坦等大面积混凝土浇筑。

4.2.4　其他

不同工程，根据建筑物特征，除可采用以上所述的缆机、门（塔）机和带式机浇筑混凝土设备外，还可采用移动式起重机、汽车入仓、混凝土泵、负压溜槽、My-box 溜槽等。

（1）移动式起重机。移动式起重机具有移动方便、运用灵活等特点。布置时，应考虑建筑物的形状、浇筑顺序、运输线路等因素，以充分发挥其生产效率。如在基坑内采用其浇筑混凝土，事先规划汛期撤出的路线和安全度汛措施。

（2）汽车入仓。除非在特殊情况下，汽车入仓一般不用于浇筑常态混凝土，主要用于碾压混凝土的浇筑。汽车入仓前需通过一段碎石路面，路两侧由人工或自动装置用高压水冲洗轮胎，以免夹带泥土入仓。汽车运输线路应根据拌和楼高程、地形条件、浇筑仓面高程、汽车类型和行车密度等条件确定。汽车运输的路面宽度由车身宽度确定，一般路面宽度 7～12m，遇有拐弯处应加宽 1.5～2.0m，纵坡宜不大于 10%，最小转弯半径不小于 15m。

（3）混凝土泵。混凝土泵浇筑适用于混凝土工程量较小、断面小、钢筋密集的薄壁结构，或用于导流孔封堵，以及其他设备浇筑不易到达的部位。采用混凝土泵浇筑混凝土，一般要求混凝土坍落度为 8～14cm，最大骨料粒径应不大于导管内径的 1/3，并不允许有超径骨料。目前采用泵浇的混凝土大部分为二级配。

（4）负压溜槽。负压混凝土溜槽，是一种密封式溜管，其本体由刚性的半圆形钢管和柔性的半椭圆形橡胶管组成，当混凝土在管内下行时，管内产生真空度使橡胶管变形，使管内混凝土受挤压产生摩擦力，减缓混凝土的下降速度，避免混凝土溜送过程的分离。主要适用于狭窄河床地区混凝土施工，边坡地形条件相近的工程，溜管坡度宜为 45°。不同工程可根据具体条件确定合理经济的溜槽坡度。溜槽高差宜控制在 50m 以内，目前采取有效措施后可达到 100m 高差。

（5）My-box 溜管。My-box 缓降器是一种对混凝土在垂直溜放过程中有缓降和拌和作用的装置，主要用于混凝土结构较狭小的空间混凝土垂直输送。在垂直溜放过程中，当混凝土经过 My-box 时可降低流速，并在 My-box 内形成螺旋式下降，使骨料重新得到拌和，防止混凝土骨料分离，改善了混凝土的和易性。

4.3　施工方案规划实例

以金沙江向家坝水电站右岸厂房坝段混凝土工程为例。向家坝水电站拦河大坝为混凝土重力坝，水电站厂房分列两岸布置，泄洪建筑物位于河床中部略靠右侧，一级垂直升船机位于左岸坝后厂房左侧，左岸灌溉取水口位于左岸坡坝段，右岸灌溉取水口位于右岸地下厂房进水口右侧，冲沙孔和排沙洞分别设在升船机坝段的左侧及右岸地下厂房的进水口下部。拦河大坝最大坝高 162.00m，坝顶长度 896.26m；左岸坝后及右岸地下厂房各安装 4 台 800MW 机组，总装机容量 6400MW。向家坝右岸厂房坝段工程主要包括厂房坝段、升船机坝段和左岸缺口坝段加高及导流底孔回填等。混凝土浇筑方量为 310.30 万 m³，钢筋 4.29 万 t，金属结构 2.34 万 t。向家坝右岸厂房坝段工程前期设备布置见图 4-2，向家坝右岸厂房坝段工程后期设备布置见图 4-3。

（1）施工方案的选定。向家坝工程右岸厂房坝段工程混凝土施工是以常态混凝土为主、碾压混凝土为辅的综合型混凝土工程，其中厂房坝段坝前齿槽回填、缺陷槽回填及升船机坝段和厂8坝段底部采用碾压混凝土，其余部位采用常态混凝土。

鉴于以上混凝土浇筑方式选型的不同，在施工方案的选定上也存在多样性。

1）碾压混凝土浇筑：坝前齿槽碾压混凝土浇筑受左右岸地形影响及左岸一期纵向围堰影响，混凝土浇筑方案选用上以汽车水平运输，满管溜槽和胎带机入仓相结合，缆机配合入仓的方案。待后期塔带机安装完毕后，作为混凝土入仓手段。升船机坝段混凝土浇筑采用自卸车将混凝土运至坝前高程 270.00m 平台，经满管溜槽卸入仓内自卸车，由自卸车仓内布料。和塔带机、缆机组合浇筑方式。

2）常态混凝土浇筑：常态混凝土入仓主要采用 3 台 30t 移动式缆机、1 套塔带机、1 台胎带机综合搭配的浇筑方式。

（2）运输设备选用。

1）缆机。向家坝工程选用三台移动式缆机。每台缆机跨度超过 1360m，最大跨度为 1500m，最大起升高度 250m，缆机主塔高 75m。缆机上游控制线坝上 0−019.00，缆机下游控制线为坝下 0+152.00。

运输线路为：高程 380.00m 混凝土系统→缆机入仓浇筑。

2）塔带机。向家坝工程右岸厂房坝段工程布设 1 台 TC2400 型塔带机，塔带机供料线运输考虑到靠近高程 303.00m 拌和系统供料线皮带立柱架设困难，干扰较大。故塔带机供料采用由自卸车将混凝土由高程 303.00m 拌和系统运输至下游围堰，将混凝土卸入下游围堰供料线受料斗后，由供料线运输至浇筑仓面。

运输线路：高程 303.00m 混凝土系统→⑧公路→下游围堰→卸料平台→塔带机供料线→塔带机入仓进行浇筑。

3）门机。坝前齿槽浇筑至高程 240.00m 后，布设一台 MQ2000 型港机，主要用于高程 240.00m 以上常态混凝土仓位施工材料的吊运入仓及作为混凝土浇筑辅助手段。

运输线路：高程 303.00m 混凝土系统→⑧公路→上游围堰下基坑道路→MQ2000 上海港机入仓浇筑。

4）胎带机。CC200-24 胎带机主要用于浇筑坝内缺陷槽和坝前齿槽碾压混凝土。

运输线路 1：高程 303.00m 混凝土系统→⑧公路→上游围堰下基坑道路→高程 270.00m 沉井平台→胎带机入仓浇筑。

运输线路 2：高程 303.00m 混凝土系统→下游围堰下基坑道路→厂①坝段临时钢筋石

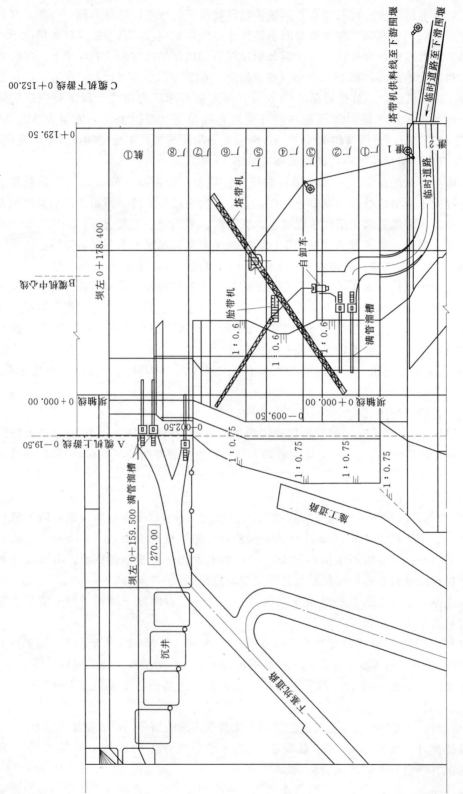

图 4-2　向家坝右岸厂房坝段工程前期设备布置图

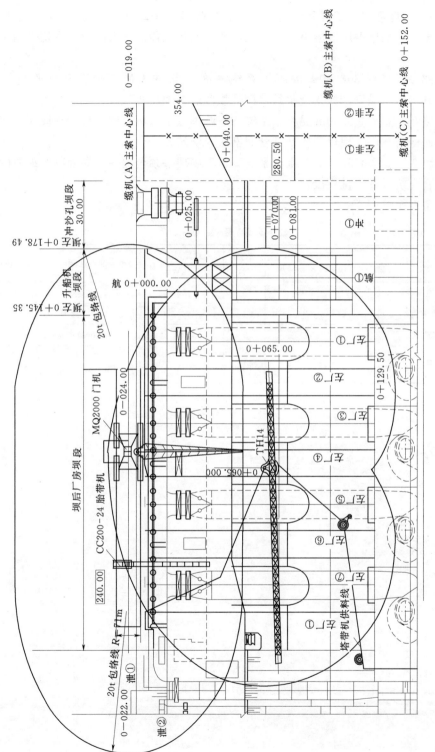

图 4-3 向家坝右岸厂房坝段工程后期设备布置图

笼加碎石路面道路→厂③坝段乙块→胎带机入仓浇筑（坝前齿槽）。

5）溜筒。在低部位基础混凝土浇筑中较多的选用了满管溜筒入仓方式，包括坝前齿槽碾压混凝土、缺陷槽碾压混凝土、厂⑧坝段及升船机坝段碾压混凝土入仓均采用了溜筒入仓。

运输线路1：高程303.00m混凝土系统→⑧公路→上游围堰下基坑道路→高程270.00m沉井平台→满管溜筒入仓浇筑（厂⑧坝段和升船机坝段）。

运输线路2：高程303.00m混凝土系统→下游围堰下基坑道路→厂①坝段临时钢筋石笼加碎石路面道路→厂③坝段乙块→满管溜槽入仓浇筑。

运输线路3：高程303.00m混凝土系统→下游围堰堰顶公路→一期混凝土纵向围堰→满管溜筒入仓浇筑（升船机坝段）。

主要设备性能见表4-3。

表4-3 主要设备性能

序号	设备名称	规格、型号、容量	数量/台	额定功率/kW	设备性能	备注
1	缆机		3	1200	30t	
2	胎带机	CC200-24	1	383.75	53.19m范围	
3	塔带机	TC2400	1	567	100m范围	
4	上海港机	MQ2000	1	730	20t/2～71m 63t/22～35m	

5 资源配置规划

施工资源配置规划主要通过落实资源类型、来源、数量、需用时间及使用方法等问题，达到满足施工进度和降低成本的目的。工程施工所需的资源主要包括：人力、物资设备、资金和技术资源等。

资源配置规划编制步骤为：①确定各分部分项工程量；②套用定额求需用量；③根据施工进度计划，分解资源需要量；④汇总形成资源曲线或资源计划的表格形式。

资源规划编制中常出现有限的资源与固定的计划工期之间的矛盾，为了解决资源配置中出现的问题，通过采取科学的手段进行资源配置分析，做到最优计划工期下，资源配置最合理。

5.1 主要设备

混凝土运输起吊设备数量根据高峰期浇筑强度、设备容量、设备小时循环次数、可供浇筑的仓面数和辅助吊运工作量等经计算或用工程类比法确定。其中辅助吊运工作量可按吊运混凝土当量时间的百分比计算：重力坝可采用10%～20%，轻型坝可采用20%～30%，厂房可采用30%～50%。

混凝土起吊设备的小时循环次数根据设备运行速度、取料点至卸料点的水平及垂直运输距离、设备配套情况、施工管理水平和工人技术熟练程度分析计算或工程类比法确定。

对控制工期的大型工程的混凝土坝施工设计宜利用计算机仿真混凝土浇筑全过程，并进行多方案比较，确定浇筑设备数量及其生产率、利用率，预测各期浇筑部位、高程、浇筑强度、坝体上升高度和整个浇筑工期。

（1）设备实际生产能力参数的确定。机械设备的实际生产能力，与完好率、利用率和生产率（简称三率）有关，一般是三者的乘积。三率是考核施工企业机械化施工组织管理水平的主要指标。

1）机械设备的生产率。计算机械设备的生产率，是设备选型和确定其需要量时不可缺少的一个参数。机械设备的生产率有理论生产率、技术生产率和使用生产率三种。

A. 理论生产率是机械在设计所规定的标准条件下，连续工作1h计算所得的生产率，它只与机械本身的设计性能有关，没有考虑具体的施工条件，它不能表示实际的生产能力。

B. 技术生产率是机械在某种具体的施工条件下的生产率。当计算技术生产率时，除了机械性能参数之外，还考虑作业对象和施工条件的影响，并以连续工作1h计。技术生产率决定了在一定条件下的机械最大生产能力。

C. 使用生产效率是在具体的施工条件下，考虑了工作时段内必须生产时间损失后的生产率。是在技术生产率基础上乘以时间利用系数求得的。使用生产率分台班、台月（台年）生产率；而台月或台年生产率还要考虑机械设备利用率和完好率的影响。

2）机械设备的完好率和利用率。机械设备的完好率是指在一年中或某一时段内机械技术状况完好、正常出勤和随时可出勤的台班数占全年或某时段在册机械总台班数的百分比。可按式（5-1）计算。

$$H = \frac{R}{r} \times 100\% \qquad (5-1)$$

式中　H——机械设备完好率；

　　　R——技术状况完好的机械台班数；

　　　r——在册机械总台班数（不包括经批准报废或封存的机械）。

机械设备的完好率一般不应低于85%，完好率的表示方法有日历完好率和制度完好率两种。制度完好率计算时，在册机械设备总台班数应减去该时段内的节假日台班数。

机械的台班利用率（或出勤率）表示一年或一个时段内机械设备的时间利用情况，一般按制度台班数计算，可按式（5-2）计算。

$$F = \frac{b}{B} \times 100\% \qquad (5-2)$$

式中　F——机械在统计期内的利用率；

　　　b——机械设备在统计期内实际出勤台班数；

　　　B——机械设备在统计期内制度台班数。

式中分母分子之差，主要是机械设备由于维修、任务不足、气候影响等主客观原因而停工损失的制度台班数。

（2）汽车运输设备。混凝土工程汽车运输设备主要有自卸汽车、侧卸料罐车和搅拌运输车等。其生产能力主要由工作循环时间和所运载的混凝土量确定。

1）汽车运输工作循环时间按式（5-3）计算：

$$T = t_1 + t_2 + t_3 + t_4 + t_5 \qquad (5-3)$$

式中　T——汽车运输工作循环时间，min；

　　　t_1——装车时间，min；

　　　t_2——重载行驶时间，即从装车地点运到卸车地点的时间，min；

　　　t_3——卸料时间，min；

　　　t_4——空载返回装车地点的时间，min；

　　　t_5——装车、卸车、转向、调车时的等候时间和其他原因而停车的时间，min。

装车时间 t_1 按式（5-4）计算：

$$t_1 = \frac{q}{q_n} \qquad (5-4)$$

式中　q——汽车一次载混凝土量，m³；

　　　q_n——储料斗的卸料能力，m³/min。

重载和空载行驶时间（$t_2 + t_4$）按式（5-5）计算：

$$t_2 + t_4 = \frac{60L(v_1 + v_2)}{v_1 v_2} \qquad (5-5)$$

式中　v_1——重载平均行驶速度，km/h；

　　　v_2——空载平均行驶速度，km/h；

　　　L——装车地点到卸车地点的距离，km。

卸车时间可根据车型而不同，应计入操作时间，车体清理时间需根据实际情况确定。

t_5 根据施工组织的方式确定，若未确定施工组织方式，可参照以下数值选取：采用后倒车法时，$t_5 = 2.5 \sim 4$min；采用转向调车装车法时，$t_5 = 3 \sim 4.5$min。

2）台班运输能力按式（5-6）计算：

$$Q = \frac{60KT_1 q}{T} \qquad (5-6)$$

式中　Q——汽车运输能力，m³/（台·班）；

　　　K——台班时间利用系数，一般取 0.75～0.85；

　　　T_1——每班工作时间，h/（台·班）；

　　　q——每车载运混凝土量（考虑汽车的承载能力，应按载运方式及运输道路情况确定），m³；

　　　T——汽车往返一次的循环时间，min。

3）需用量计算。自卸汽车配合起重机吊运卧罐时，若汽车载运量和罐体容积相同，则每台起重机需要的汽车数量可按式（5-7）计算：

$$N \geqslant \frac{nT}{60} \qquad (5-7)$$

式中　N——汽车数量，台（取整数）；

　　　n——每小时起重机吊运入仓次数；

　　　T——汽车往返一次的循环时间，min。

汽车配合胎带机或塔带机入仓时，则每台设备需要配备的汽车数量应根据塔带机或胎带机小时输送强度确定。

（3）带式机运输设备。

1）生产率计算时应进行技术生产率和实用生产率计算。

技术生产率：用带式机运送混凝土时，其技术生产率可按式（5-8）计算：

$$Q_j = 170B^2 v \qquad (5-8)$$

式中　Q_j——技术生产率，m³/h；

　　　B——带宽，m；

　　　v——胶带机运送速度，m/s。

实用生产率：带式机运送混凝土时，其实用生产率可按式（5-9）计算：

$$Q_b = 8Q_j K_1 K_2 K_3 \qquad (5-9)$$

式中　Q_b——实用生产率，m³/台班；

　　　K_1——与带式机倾角有关的系数，当运送坍落度 4～8cm 的混凝土时，胶带仰角 10°～15°，$K_1 = 0.95$；仰角大于 15°（一般不宜超过 16°），$K_1 = 0.90$；水平运送时，一般取 $K_1 = 1.0$；

K_2——时间利用系数，根据施工组织情况确定，可取 $0.75 \sim 0.85$；

K_3——充盈系数，即装料不均衡系数，与装料方式有关，一般可取 $0.8 \sim 0.9$。

2）需用量计算。一般按式（5-10）计算：

$$N = \frac{P_m}{25HQ_b} \tag{5-10}$$

式中　N——带式机的需要台数，台；

P_m——施工进度要求的月浇筑强度，$m^3/月$；

H——每天工作台班数，台班。

如：龙滩工程中使用的 CC200-24 胎带机混凝土输送设备，设备最大/最小布料半径为 61.0m/22.6m，最大/最小倾角为 $+30°/-15°$，日平均输送混凝土方量为 $700m^3$，日最高输送强度可达到 $970m^3$，月平均输送混凝土为 2.8 万 m^3。较好的解决龙滩工程特定浇筑强度下的混凝土输送问题。

（4）缆索起重机。

1）技术生产率计算。在缆索起重机选型时，一般应按式（5-11）进行技术生产率分析计算：

$$Q_j = nq \tag{5-11}$$

式中　Q_j——技术生产率，m^3/h；

n——每小时吊罐的次数，$n = 3600/T_1$；

q——所配吊罐的有效容积，m^3；

T_1——吊运一罐的循环时间，s。

吊运一罐混凝土的循环时间 T_1 随操作技术熟练程度、浇筑仓面的工作条件、升降高度、小车运行距离以及供料情况等而变化，按式（5-12）计算：

$$T_1 = t_1 + t_2 + t_3 + \cdots + t_n \tag{5-12}$$

式中　$t_1 \sim t_n$——一个吊运循环中各个操作环节所消耗的时间，s。

$t_1 \sim t_n$ 又分为两类：一类是机械操作的，可按机械性能计算得出，如吊罐的空、重载升降时间、小车和塔架的行走时间等，一般升降和小车行走动作同时进行，因此计算时可乘以复合操作系数 $0.7 \sim 0.85$，另加由于启动和制动所需额外消耗的时间 $3 \sim 4s$。另一类为吊罐对位、卸料等手工操作时间，一般可取 $15 \sim 30s$，也按实际情况测定的数据。

2）实用生产率可按式（5-13）计算：

$$Q_m = Q_j mn K_1 K_2 K_3 \tag{5-13}$$

式中　Q_m——生产率，$m^3/（台 \cdot 月）$；

m——每月的工作天数，一般取 25d；

n——每天的工作小时数，一般取 20h；

K_1——吊罐容积利用系数，取 0.98（考虑混凝土损耗）；

K_2——时间利用系数，视缆机台数、供料方式、台班内时间利用情况等而定，计算时可取 $0.62 \sim 0.80$ 的平均值 0.71；

K_3——综合利用系数，视施工组织方式而定。与混凝土浇筑有关的一切辅助工作和零星工作都要缆机来完成，则 K_3 可取 $0.58\sim0.65$；缆机除浇筑混凝土外，只吊重件（大型模板、重型钢筋构架和金属结构件等），则 K_3 可取 $0.8\sim0.85$；缆机只用于吊混凝土，则 K_3 可取 1.00。

2006—2009 年小湾水电站 1～5 号缆机使用情况数据统计见表 5-1。

表 5-1　　　　2006—2009 年小湾水电站 1～5 号缆机使用情况数据统计

年份	1 号缆机		2 号缆机		3 号缆机		4 号缆机		5 号缆机	
	完好率/%	利用率/%	完好率/%	利用率/%	完好率/%	利用率/%	完好率/%	利用率/%	完好率/%	利用率/%
2006	87.2	78.1	84.0	77.2	87.2	81.1	92.3	80.8	78.8	70.0
2007	95.3	86.0	96.0	87.4	95.4	85.2	96.7	87.4	91.9	82.9
2008	97.6	88.9	96.7	88.4	98.2	90.1	98.1	89.6	97.2	88.9
2009	97.5	90.4	97.9	89.6	98.7	89.6	98.6	90.0	98.2	90.3

3）需用量计算。

A. 月浇筑强度。在混凝土浇筑的整个施工持续期间内，由于在较长的时期中受水文气象、浇筑仓面、建筑物结构型式和导流度汛等多种因素影响，浇筑强度是不均衡的，必然会出现高峰浇筑年和高峰浇筑时段。月浇筑强度，建议采用高峰年的月平均强度或高峰时段（一般为 4～5 个月）的月平均强度乘以不均衡系数确定，即按式（5-14）计算：

$$P_m = Q_{ma} K_m \tag{5-14}$$

式中　P_m——施工进度要求的月浇筑强度，$\mathrm{m^3/月}$；

　　　Q_{ma}——浇筑高峰年或高峰时段的月平均强度，$\mathrm{m^3/月}$；

　　　K_m——月不均衡系数，按高峰年计算，按表 3-3 取值；按高峰时段计算时，一般取 $1.1\sim1.2$。

按式（5-14）计算的月浇筑强度一般要比实际高峰月浇筑强度略低。为了达到计划的高峰月浇筑强度，应通过加强施工组织、充分发挥机械效率、提高月工作天数和日工作小时数等措施解决。

B. 小时浇筑强度。核算浇筑设备的小时生产能力，可按式（5-15）计算：

$$P_h = \frac{K_d K_h P_m}{mn} = \frac{K_m K_d K_h Q_{mn}}{mn} \tag{5-15}$$

式中　P_h——小时生产能力，$\mathrm{m^3/h}$；

　　　n——每天的工作小时数，一般取 20h；

　　　m——每月的工作天数，一般取 25d；

　　　K_d——浇筑的日不均衡系数，可按表 3-3 取值；

　　　K_h——浇筑的小时不均衡系数，按工程规模、施工组织、机械配套等情况取值，一般取 $1.2\sim1.6$。

C. 缆机需要数量。可按式（5-16）计算。

$$N = \frac{K_c P_m}{Q_m} \tag{5-16}$$

式中 N——缆机需要数量，取整数，台；

　　P_m——施工进度要求的月浇筑强度，$m^3/$月；

　　Q_m——缆机台月生产率，$m^3/$（台·月）；

　　K_c——备用系数，大型专用机械，因时间利用系数或年工作台班定额中已考虑了各种影响因素，可取 $K_c = 1.0$。

（5）门（塔）机。我国大中型水利水电工程，广泛采用门（塔）机浇筑混凝土，积累了比较丰富的施工经验。

1）门（塔）机生产率计算。门（塔）机小时技术生产率计算。一般可按式（5-11）计算。

门（塔）机实用生产率计算，建议高峰月的实际生产率可按式（5-17）计算：

$$Q_m = Q_j mnK_1K_2K_3K_4 \tag{5-17}$$

式中 Q_m——台月生产率，$m^3/$（台·月）；

　　Q_j——技术生产率，m^3/h；

　　m——每月的工作天数，在机械正常运转且保证率较高、气候条件较好并有足够的浇筑仓位时，建议取 $25d$；

　　n——每天的工作小时数，一般取 $20h$；

　　K_1——工作条件（吊运杂物）系数，可在 $0.4 \sim 0.8$ 范围内取值（闸坝式水电站厂房取低值，含钢筋密集的混凝土取中值，大坝混凝土取高值）；

　　K_2——时间利用系数，可在 $0.75 \sim 0.90$ 范围内取值；

　　K_3——生产率利用系数，即小仓面用大设备时，机械不能充分发挥效率而降低的系数，可在 $0.30 \sim 0.95$ 范围内取值；

　　K_4——多台门（塔）机运行的同时利用系数，可在 $0.8 \sim 0.9$ 范围内取值。

2）门（塔）机需要量计算。门（塔）机需用量计算通常可采用公式计算法和定额计算法，当有混凝土月需求量强度和设备的台月生产率的资料和数据时，一般采用公式计算法。反之，相关数据资料不确定时，可采用定额计算法。

公式计算法。与缆机相似，可按式（5-16）计算。

定额计算法。定额是在施工实践基础上统计确定的平均先进水平，可作为确定机械需要量的计算依据。不同设计阶段有不同的定额指标，一般采用预算定额为宜。

各种定额指标都是以浇筑 $100m^3$ 混凝土需要多少个机械台班给出的，可按式（5-18）计算。

$$N = \frac{K_m Q_y I}{100W} \tag{5-18}$$

式中 N——机械需要数量，取整数，台；

　　Q_y——施工高峰年需要完成的混凝土计划量，$m^3/$年；

　　I——定额指标（即浇筑 $100m^3$ 混凝土需要的机械台班数），台班/m^3；

　　W——每台机械年工作台班定额，门（塔）机为 400 台班/（台·年）；

　　K_m——高峰年的月不均衡系数，可按表取值。

此外，也可以先拟定台班计划浇筑强度，用定额指标直接计算机械需要量，可按式 (5-19) 计算。

$$N = \frac{K_c Q_b I}{100} \qquad (5-19)$$

式中 Q_b——台班计划浇筑强度，m^3；

K_c——备用系数，当 5～10 台，取 $K_c=1.1$；当大于 10 台时，根据施工技术条件，取 $K_c=1.1～1.2$；

其余符号意义同前。

(6) 混凝土泵。混凝土泵包括汽车泵和拖式泵。

1) 生产率计算。混凝土泵的生产率可按式 (5-20) 计算。

$$Q_j = 60ASnaK \qquad (5-20)$$

式中 Q_j——混凝土泵生产率，m^3/h；

A——活塞断面积，m^2；

S——活塞行程，m；

n——活塞每分钟循环次数，r/min；

a——混凝土输送泵缸体数；

K——容积效率，一般为 0.6～0.9。

2) 需要量计算。使用混凝土泵输送入仓的需要台数，可按式 (5-21) 计算：

$$N = \frac{P_h}{Q_j} + N_j \qquad (5-21)$$

式中 N——混凝土泵需要量，台；

P_h——混凝土要求入仓强度；

Q_j——混凝土泵生产率，m^3/h；

N_j——混凝土泵备用量，一般当需要量为 3～5 台时备用 1 台。

混凝土泵的选用应根据工程具体情况而定，通常利用混凝土浇筑强度，结合工程施工单位设备资源情况及相应设备性能参数统筹选用。常用混凝土泵车参数见表 5-2。常用混凝土拖泵参数见表 5-3。

表 5-2　　　　　　　　　　　　　常用混凝土泵车参数

型　号		ZLJ5650THBB 80-7RZ	ZLJ5910THBB 101-7RZ	ZLJ5339THB 49X-6RZ	ZLJ5301THB 125-40
项　目		数值			
泵送系统	最大理论输送量 /(m³/h)	200/140	245/165	180/120	140/90
	混凝土最大出口压力 /MPa	12/8.3	7.5/12	8.3/12	7/11
	混凝土缸径×行程 /(mm×mm)	φ260×2100	φ260×2100	φ260×2100	φ230×2100
壁架及结构型式	结构形式	80-7RZ	101-7RZ	49X-6RZ	40X-5RZ
	最大布料高度/m	80	101/79/46	49/44/35	40.5

表 5-3   常用混凝土拖泵参数

型 号		HBT60.8.75Z	HBT80.18.132SU	HBT 100C-2118DⅢ	HBT 120C-2016DⅢ
项 目		数值			
整机性能	最大理论输送量 /(m³/h)	60	82/47	105/70	130/75
	混凝土最大出口压力 /MPa	8	10/18	10/18	9/16
	出料口直径 /mm	ϕ180	ϕ180		
	输送缸径×行程 /(mm×mm)	ϕ200×1400	ϕ200×1800	ϕ200×2100	ϕ230×2000
动力系统	额定功率/kW	75	132	181/186	273
	额定电压/V	380	380		
	额定转速/(r/min)	1480	1480		
其他参数	允许最大骨料粒径 /mm	卵石：50， 碎石：40	卵石：50， 碎石：40	50/40	50/40
	混凝土输送管内径 /mm	ϕ125/ϕ150	ϕ125/ϕ150	ϕ150/ϕ125	ϕ150/ϕ125

（7）其他设备。部分水利水电工程中由于门（塔）机、缆机等机械设备布置不便或施工部位位于机械设备覆盖范围之外，混凝土无法入仓时，可采用负压溜槽、升高塔及爬升机等运输混凝土入仓。

1）负压溜槽。基本结构包括负压溜槽由料斗、垂直加速度段、槽身和出口弯头组成。负压溜槽主要技术参数见表 5-4。

表 5-4   负压溜槽主要技术参数

项 目	参 数	项 目	参 数
料斗容量/m³	6~12	适用高度/m	6~100
刚性槽半径/mm	275~325	混凝土输送能力/(m³/h)	240~540
溜槽长度/m	42~72	负压值范围/Pa	100~1000
适用坡度	1:1~1:0.75	下料速度/(m/s)	3~6

负压溜槽的特点：①结构简单、安装方便、运行维护费用低、成本低廉；②和胶带机联合运输混凝土，可简化施工布置和施工程序，节省工程投资；③混凝土运输效率高；④负压溜槽安装时，各段要密封良好，在浇筑过程中，料斗内的混凝土不宜卸空。

2）升高塔及爬升机。混凝土运输设备还包括升高塔和爬升机。升高塔是一种简易的混凝土提升设备，在缺乏大型起重机、混凝土方量较小的建筑物施工中使用。升高塔附着于坝面上，随坝体升高而提高，采用升高塔提升混凝土，需在仓面采用手推车、滑槽和仓面布料机进行布料。

（8）设备配置案例。典型工程设备配置见表 5-5。

工程名称	坝型	坝高/m	主要施工设备
三峡	重力坝	181.0	左岸大坝工程布置 4 台 TC2400 塔带机，2 台 MD2200 - TB30 顶带机，6 台 MQ2000，1 台 SDTQ1800 和 1 台 MQ6000 高架门机，1 台 KROLL - 1800 塔机，2 台 20t 摆塔式缆机，4 台 CC200 胎带机
龙滩	重力坝	192.0	2 台平移式缆机，2 台塔带机，2 台塔机，5 台门机（SDMQ1260、MQ900、MQ600、MQ540），1 台胎带机
向家坝	重力坝	162.0	3 台平移式缆机，3 台 TC2400 塔带机，3 台 CC200 胎带机，C7050、K1500 等型号塔机 10 台，MQ2000 门机 5 台，MQ900 门机 2 台
二滩	拱坝	240.0	3 台辐射式缆机为主
小湾	拱坝	294.5	6 台平移式缆机为主，1 台 M1500 塔机、1 台 MZQ1000 门机、1 台 MQ540 门机及皮带运输辅助
溪洛渡	拱坝	285.5	5 台平移式缆机为主，2 台 C7050 型塔机、1 台 MD900 塔机辅助
长洲水利枢纽	闸坝	56.0	以 MQ600 门机和 SDMQ1260 门机为主

5.2　主要材料

　　混凝土工程所需的主要材料为水泥、粗细骨料、粉煤灰、外加剂和钢材等。为保证并提高混凝土质量，必须根据技术要求优选各种原材料。

　　施工材料的来源应通过市场调查，对供货商进行评价，在满足质量保证并评价合格的前提下选择可靠的供货商。评价时应核实材料供应来源、质量和品种数量等情况，并尽量争取就近供应。当国内市场供应不足或不能满足技术要求时，可考虑在国际市场进行采购。

　　(1) 混凝土原材料规划。混凝土主要原材料有水泥、水、砂和石子，另外还常掺入一些外加剂和掺合料，以改善混凝土的某些性能并降低水泥用量。

　　在缺乏资料时，可以依据建筑物结构对混凝土品种、强度、水灰比、级配、水泥强度等级、骨料最大粒径等各项要求，按国家颁布的水利水电概预算定额提供的每立方米混凝土的原材料消耗指标，依据混凝土配合比计算，来估算混凝土的各项原材料用量。

　　在有标号分区图、各部位混凝土施工配合比等数据时，可以详细地计算出混凝土各项原材料用量。同时，结合混凝土施工进度和强度曲线，能够得出混凝土各项原材料用量的供应曲线。

　　(2) 钢筋规划。钢筋规划是对工程施工过程中各期钢筋用量的计算。通常混凝土工程钢筋耗量可按式（5-22）估算，在无详细资料时可参考表 5-6 选取计算。

$$Q = 0.01fv \qquad (5-22)$$

式中　Q——钢材耗用量，t；

　　　f——每 $100m^3$ 混凝土的钢材耗量，参见相关概算定额；

　　　v——混凝土工程量，m^3。

表 5-6不同坝型结构钢筋用量

坝型结构	重力式挡土墙	重力坝	重力拱坝	溢流坝	拱坝	溢流堰	闸墩
含筋量/(kg/m³)	5	5	10	10～15	20～27	25	40

施工阶段的钢筋配料依据设计图纸和修改通知，浇筑部位的分层分块图，月浇筑计划，钢筋运输、安装方法及接头型式来确定。

（3）模板规划。模板选型应根据建筑物结构型式和模板安拆方式，通过技术经济比较确定。模板规划时应考虑：轻型化、定型化、系列化，减少材料用量，提高重复使用次数。

模板根据制作材料可分为木模板、钢模板、胶合板、混凝土预制模板等；根据安装架立和工作特性可分为固定式、拆移动、移动式、滑升式等。

对结构比较简单的大体积混凝土，通常多采用大型悬臂钢模板。对曲线断面且要求表面光滑平整的建筑物（如闸墩、薄拱坝、溢流堰和井筒等），应优先选用滑升钢模板。对坝内廊道和孔口部位，应选用异型钢模板或覆膜胶合板。木模板一般用于建筑物边角、预留孔洞和预埋件等非标准的结构复杂部位。无论选用何种模板，均应具有足够的稳定性、刚度和强度，以保证混凝土浇筑后结构物的形状、尺寸和相对位置等符合设计要求。

模板的使用量，在初步设计时，可按不同闸、坝型式，参照立模系数（立模面积与混凝土工程量的比值称为立模系数），估算立模面积，各种不同坝型立模面积系数见表5-7。

表 5-7　　　　　　　　各种不同坝型立模面积系数

坝　型	立模面积系数	坝　型	立模面积系数
重力坝	0.10～0.16	双支墩大头坝	0.32～0.60
重力拱坝	0.14～0.25	连拱坝	0.80～1.60
拱坝	0.18～0.25	平板坝	1.10～1.70
宽缝重力坝	0.15～0.25	河床式电站闸坝	1.10～1.70
单支墩大头坝	0.10～0.45		

施工阶段，可以根据建筑物结构、施工分层、选择的模板结构和型式来规划模板的使用量。

5.3　劳动力

（1）劳动力需要量。混凝土工程劳动力需要量主要包括施工期高峰劳动力数量、施工期平均劳动力数量和整个工程施工的总劳动量。

（2）劳动力规划。各施工时段所需要的基本劳动力数量，是以施工总进度为基础，用各施工时段的施工强度乘以劳动力定额所得。计算劳动力所需要的定额应根据工程施工的条件和方法综合分析后确定。确定劳动力定额的步骤为：①根据施工总进度表上所列的工程项目，分析完成每个项目的全部工序；②根据各工序的施工方法，查国家颁布的有关概算定额，分列完成单位工程各工序所需的劳动工日数；③综合各工序的劳动日数量，得出单位工程的综合劳动力定额。

（3）扩大系数的拟定和选取。用施工强度乘以劳动力定额所求得的劳动力数量为基本劳动力数量，工程实际需要的全部劳动力数量，应乘以各项扩大系数。一般情况下应选取以下扩大系数。

1）不均衡系数 K_1。施工进度表上所列示的施工进度是时段。平均强度（如月平均强度或日平均强度）。实际施工中，施工强度高于或低于平均强度是不可避免的，高峰强度与平均强度之比称为不均衡系数。

计算劳动力的不均衡系数，考虑到劳动力可灵活调配、施工机械设备效率可以充分发挥等因素，不均衡系数可在 1.10～1.20 范围内选取。施工进度安排较细时取小值，施工高峰时段取小值，机械化程度高者取小值。

2）间接生产人员系数 K_2。劳动力定额中已计入场内直接参加生产的劳动力，而场外交通运输人员、仓库管理人员、辅助生产技术管理人员等均未计入劳动力定额，这部分人员的数量用系数 K_2 乘以基本劳动力数量来求得，$K_2 = 0.17～0.25$。对外运输量大、运距远、机械化程度高者取大值。

3）不可预见扩大系数 K_3。施工进度表上，一般不能包括全部的工程项目，未包括的工程项目所需要的劳动力可用系数 K_3 求得，$K_3 = 0.05～0.15$。施工进度安排较细时取小值。

4）出勤增加系数 K_4。基本劳动力曲线是根据施工进度算得的实际出勤劳动力数量绘制的，但由于职工请假而不可能全部出勤，需增加的劳动力数量用系数 K_4 求得，$K_4 = 0.05～0.10$。高峰时段较短时取小值。

（4）劳动力需要量曲线的计算编制。

1）计算步骤。①确定劳动力定额；②根据施工总进度表绘制施工强度曲线；③根据施工强度计算基本劳动力曲线；④根据选取的扩大系数计算增加的劳动力数量；⑤计算和绘制整个工程的劳动力曲线；⑥计算和选取劳动力需要量指标。

2）计算公式。劳动力曲线计算见表 5-8。

表 5-8　　　　　　　　　　　　　　劳动力曲线计算表

序号	项目	算式	施工期（各年给出季度或月份）			
			第一年	第二年	第三年	……
（1）	单项工程劳动力系数 1）…… 2）……					
（2）	劳动力基本曲线	1）＋2）＋…				
（3）	乘以系数 K_1 乘以系数 K_2 乘以系数 K_3	（2）×K_1 （2）×K_2 （2）×K_3				
（4）	最终劳动力曲线	（2）＋（3）				

第（1）项：以施工总进度表为依据，列出单项工程各施工时段的日平均强度及相应的劳动力定额，以强度乘以定额得单项工程各项目在施工时段的基本劳动力数量，各项目

的劳动力数量累加，得出单项工程各时段的劳动力数量。

第（2）项：第（1）项中各单项工程劳动力数量按时段累加，得出整个工程的基本劳动力曲线数据。

第（3）项：系数 K_1、K_2、K_3 分别乘以第（2）项为基数，并分析本工程的具体条件，乘以在适当的施工时段内。

第（4）项：第（2）项和第（3）项得最终的劳动力需要量曲线。

3）劳动力需要量的计算。

A. 高峰劳动力数量 N 可按式（5-23）计算。

$$N = N_1(1 + K_4) \qquad (5-23)$$

式中　N_1——劳动力曲线上连续 3 个月高峰数量的平均值；

　　　K_4——缺勤增加系数。

B. 平均劳动力数量。施工期总平均劳动力数量 N_2 可按式（5-24）计算。

$$N_2 = \frac{\sum N}{\sum n} \qquad (5-24)$$

式中　$\sum N$——劳动力曲线上主要施工期内各月的劳动力数量之和；

　　　$\sum n$——主要施工期内的月份数。

施工期历年平均劳动力数量 N_3 可按式（5-25）计算：

$$N_3 = \frac{\sum N}{12} \qquad (5-25)$$

式中　$\sum N$——劳动力曲线上计算年度内各月劳动力数量之和。

4）总劳动量 E。总劳动量 E 等于曲线图中全部施工期内劳动力曲线所包含的面积（纵坐标为人数；横坐标为施工有效工日数）。

6 质量管理规划

在水利水电工程的建设过程中，混凝土工程施工占有重要地位，特别是以混凝土坝为主体的枢纽工程，由于工程的建设要使用大量的混凝土，各种费用约占工程总投资的50%～70%，所以如何对混凝土的施工质量进行管理就显得非常重要，混凝土工程施工涉及砂石骨料制备、混凝土拌和、混凝土运输、钢筋模板、浇筑仓面作业、温度控制和接缝灌浆等诸多环节，各环节紧密联系又相互影响，如其中任一环节处理不当都会影响混凝土工程的最终质量，因此，对混凝土工程施工实施前制定质量管理规划是一个非常必要的工作。水利水电混凝土工程施工质量管理是一项系统的工作，它贯穿于建设工程项目决策阶段和实施阶段的全过程，牵涉建设工程施工质量保证体系的建立和运行、施工质量预控、施工过程的质量控制和施工质量验收等各方面、各环节的工作。在施工过程中，严格执行"三级检验"制度，接受监理单位和建设单位的质量监督，自始至终密切配合、严格服从。只有按照质量管理规划，严格对建设工程施工全过程进行质量控制，才能确保工程质量。

6.1 质量目标

制定质量目标时应考虑以下方面的内容和要求：①管理评审对公司当前状况的分析意见和对质量目标制定或修订方面的意见；②上级部门对当年质量工作的要求及重点工作安排；③产品质量现状分析及改进目标，包括突出质量问题的攻关目标、各种相关统计指标的提高以及统计分析方法的改进；④为提高顾客的满意度而需要实施的改进，包括与顾客沟通、交付后服务过程及顾客代表所反映的要求和意见；⑤质量管理体系运行的持续改进要求，包括数据分析所识别的改进机会；⑥为实现目标所需的资源配置。

（1）混凝土质量控制的关键环节。混凝土质量控制包含两个基本内容：使混凝土达到设计要求的质量标准；在满足设计要求的质量指标的前提下，尽量降低成本。这两个要求实际上是尽量降低混凝土的标准差，混凝土质量控制实质上是标准差的控制。混凝土的标准差能反映施工单位的实际管理水平，管理水平越高，标准差越小。实际上控制标准差应从以下几个方面入手：设计合理的混凝土配合比、正确按设计配合比施工、加强原材料管理、进行混凝土强度测定等。

（2）混凝土施工质量控制。

1）混凝土生产时，原材料配置应严格根据试验室配合比进行称量，由试验室所确定的配合比的各级骨料不含有超逊径颗粒，且为饱和面干状态。在实际施工时，各级骨料中常含有一定量超逊径颗粒，且含水量常超过饱和面干状态。因此，应根据实测骨料超逊径含量及砂石表面含水率，将试验室配合比换算为现场施工配合比。混凝土搅拌时，应严格控制搅拌时间、进料顺序及进料容量，确保生产的混凝土质量满足施工要求。

2）在混凝土浇筑前，应对模板、钢筋、使用材料、机具、运输道路及水电供应进行细致检查和规划，任何一个工艺及材料、设备配置数量都可能影响混凝土浇筑质量。

3）在混凝土整个施工过程中，各工序是紧密联系而又互相影响，其中任一工序处理不当，都会影响混凝土工程的施工进度及最终质量。

4）混凝土质量通病一般表现在混凝土表面麻面、露筋、蜂窝、孔洞及施工缝结合不好，导致以上通病的潜在因素很多。在混凝土施工过程中，应根据实际情况制定合理的施工工艺，加强现场施工管理，确保混凝土施工质量，避免出现混凝土质量通病。

6.2 质量管理体系

质量管理的各项要求是通过质量管理体系实现的。质量管理体系策划应以有效实施质量方针和实现质量目标为目的，以 ISO 9001 质量管理体系标准为基础，建立工程项目质量管理体系，使质量管理体系满足质量管理需要。质量管理活动过程和结果应采取适宜的方式进行检查、监督和分析，以确定质量管理活动的有效性。

（1）施工质量管理体系的策划方法：①制定相关制度，确定质量管理活动的准则和方法；②制定质量管理活动的计划、方案或措施；③施工单位对质量管理体系策划时，应分析原有质量管理基础，补充和完善质量管理要求。

（2）质量管理体系包含的主要内容：①质量方针和目标；②质量管理手册；③质量管理体系说明；④质量管理组织机构；⑤质量管理制度及支持性文件；⑥质量管理所需的资源；⑦质量管理各项记录。

（3）质量体系的审核与评审：质量体系是在不断改进中加以完善的，通常运行一个阶段后要进行内部审核、验证和确认体系文件的适用性和有效性，并通过管理评审等各种手段，使质量体系不断完善。

6.3 质量控制方法

施工阶段质量控制是水电工程项目全过程质量控制的关键环节。水利水电工程施工质量控制的主要依据有：国家的法律、法规、政策，行业部门的有关技术规范、规程、质量标准以及合同文件、设计文件、施工组织设计等。质量管理过程按照事前控制、事中控制和事后控制三个阶段进行控制。

施工质量控制的主要方法有：直方图法、排列图法、因果分析图法、管理图法、相关图法、调查分析法和分层法。在进行施工质量控制中，具体采用何种控制方法应根据实际情况确定。

（1）直方图法：直方图法是将产品频率的分布状态用直方形来表示，根据直方的分布形状和公差界限的距离来观察、探索质量分布规律，分析判断整个生产过程是否正常。

（2）排列图法：排列图法又称为巴雷特曲线法。是根据施工工艺对项目进行逐个检查测试，把影响项目质量的所有因素逐一排列出来，从中区分主次，抓住关键问题，采取切实措施，从而确保项目质量。

（3）因果分析图法：因果分析图又称特性要因图、鱼刺图、树枝图。这是一种逐步深入研究和讨论质量问题的图示方法。运用因果分析图可以帮助制定对策，解决工程中存在的问题，从而达到控制质量的目的。

（4）管理图法：管理图又称控制图，它是反映生产工序随时间变化而发生质量变动的状态，即反映生产过程中各个阶段质量波动状态的图形。质量管理图是利用上下控制界限，将产品质量特性控制在正常质量波动范围之内，一旦有异常原因引起质量波动，通过管理图就可看出，能及时采取措施预防不合格的产生。

（5）相关图法：相关图又称散布图，就是把两个变量之间的相关关系，用直角坐标系表示出来，借以观察判断两个质量特性之间的关系，以便对加固施工工序进行有效的控制。

（6）调查分析法：调查分析法又称调查表法，是利用表格进行数据收集和统计的一种方法，表格形式根据需要自行设计，应便于统计、分析。

（7）分层法：分层法又称分类法或分组法，就是将收集到的质量数据，按统计分析的需要，进行分类整理，使之系统化，以便于找到产生质量问题的原因，及时采取措施加以预防。

6.4　质量检测方法

混凝土浇筑结束后，还需进一步取样检查，如不符合要求，应及时采取补救措施。常用的检查和监测的方法有物理监测、钻孔压水、大块取样和原型观测。

（1）物理监测。物理监测就是采用超声波、γ射线、红外线等仪表监测裂缝、空洞和弹模。

（2）钻孔压水。钻孔压水是一种极为普遍的检查方法。通常用地质钻机取样，进行抗压、抗拉、抗剪、抗渗等各种试验。压水试验单位吸水率应小于 0.1Lu。

（3）大块取样。大块取样可采用 1m 以上的大直径钻机取样，同时，人可直接下井（孔）进行观察，也可在廊道内打排孔，使孔与孔相连，成片取出大尺寸的试样进行试验。

（4）原型观测。原型观测一般在混凝土浇筑中埋设电阻温度计监测运行期混凝土内的温度变化；埋设测缝计监测裂缝的开合；埋设渗压计监测坝基扬压力和坝体渗透压力的大小；埋设应力应变计监测坝体应力应变情况；埋设钢筋计监测结构内部钢筋的工作情况。同时，进行位移、沉降等外部观测。

在整个建筑物施工完毕交付使用前还须进行竣工测量，所得资料作为与设计对比，运行期备查的重要竣工文件。

6.5　质量问题处理

对在质检过程中发现的质量问题应及时进行处理。对坝内裂缝、空洞可采用水泥灌浆；对细微裂缝可用化学灌浆；对于表面裂缝可用水泥砂浆或环氧砂浆涂抹处理。对质量十分低劣又不便灌浆补强处理的，一般需要整块拆除重新浇筑。

7 安全管理规划

7.1 安全管理目标

安全管理目标应遵循国家法律法规、规程、规范，并结合企业的安全方针、安全目标及工程自身的危险源、不利环境因素识别和评价结果等制定。安全管理按照"明确目标、参与决策、规定期限及反馈绩效"的目标管理方法，在安全管理体系内进行分解，制定责任制度做到安全生产责任全覆盖，实现责任安全目标。

7.2 安全管理体系

(1) 建立安全管理体系的目的。根据安全方针、安全目标、安全计划的规定和安排，使其有效地运行发挥安全生产作用，保证安全生产。

(2) 建立安全管理体系的原则：①安全生产管理体系应符合企业和工程项目施工管理现状及特点，使之符合安全生产法规的要求；②建立安全管理体系并形成文件，文件应包括安全计划、企业制定的各类安全管理标准，相关的国家、行业、地方法律和法规文件，各类记录、报表和台账等。

(3) 安全管理体系主要内容应包括：①有明确的安全方针、目标和计划；②建立严格的安全生产责任制；③设立专职安全管理机构；④建立高效而灵敏的安全管理信息系统；⑤开展群众性的安全管理活动；⑥实行安全管理程序化和管理业务标准化；⑦组织外部协作单位的安全保证活动。

7.3 职业健康安全

职业健康安全管理体系的建立和完善，是通过控制和降低职业健康安全风险，持续改进职业健康安全管理绩效，从而达到预防和减少事故与职业病的目的。企业必须采用现代化的管理模式，促使包括安全生产管理在内的所有生产经营活动科学化、规范化和法制化。

(1) 职业健康安全管理体系要求。应根据职业健康标准的要求建立、实施、保持和持续改进职业健康安全管理体系，确定如何满足要求，并形成文件。

(2) 职业健康安全方针。制定职业健康安全方针，并确保其在界定的职业健康安全管理体系范围内：①适合于企业职业健康安全风险的性质和规模；②包括防止人身伤害、健康损害和持续改进职业健康安全管理与绩效的承诺；③至少包括企业遵守与其职业健康安全危险源有关的适用法律、法规要求以及应遵守的其他要求的承诺；④为制定和评审职业健康安全目标提供框架；⑤形成文件、付诸实施，并予以保持；⑥传达到所有在企业控制下工作的人员，旨在使其认识到各自的职业健康安全义务；⑦可为相关方所获取；⑧定期评审，以确保其与企业保持相关、适宜。

（3）职业健康安全管理体系的特点：①采用建立管理体系的方式对职业健康安全绩效进行控制；②采用 PDCA 循环管理的思想；③强调预防为主、持续改进以及动态管理；④遵守法规的要求应贯穿在体系的始终；⑤要求全员参与；⑥适用于各行各业，并作为认证的依据。

7.4　危险源辨识与控制

危险源的识别和控制是一项事前控制，安全施工只有在事前进行有效的控制，才能避免和减少事故的发生。

（1）确定危险源的一般考虑因素。

1）容易发生重大人身、设备、爆破、洪水、塌方、高边坡、滑坡等危害的因素。

2）作业环境不良，事故发生率高的因素。

3）具有一定的事故频率、严重程度、作业密度高和潜在危险性大的因素。

生产经营活动中最常见的危险源有：施工生产用电、民用爆破器材管理与使用、特种设备作业现场、地下涌水、有毒有害气体、高空作业、滑坡、塌方危险地质段、重点防火防盗区域等。

（2）风险管理。风险管理按管理流程可分为风险识别、风险评估、风险应对与控制。

1）风险识别。根据工程的地理、气候、施工环境、施工方法、施工方案、生产流程等进行判别、识别风险。预示即将面对或可能出现的各种风险，才能制定有效的措施、方法、对策对风险进行管理。在这个阶段，可用专家会议法、头脑风暴法、意见征集法等各种行之有效的方法和途径取得相关信息。

2）风险评估。风险评估主要解决两个问题：发生危险的可能性有多大以及可能发生后会导致的后果。通过风险评估对风险出现的可能性、危害程度、规律、层次进行认识和评估。亦可根据科学的手段对风险量化，力争所有的不确定性和风险都经过充分、系统的考虑，从而寻找实现目标较优的方案。

3）风险应对与控制。安全生产风险管理的重要内容是风险应对与控制，应全过程动态管控。根据风险的性质，可选择具体的应对方法，以控制风险的发生并减少风险可能造成的损失，如风险回避、降低损失、风险自留、风险转移等。

7.5　应急预案

应急预案规划应全面分析混凝土施工全过程存在的危险因素，并在环境因素识别和危险源辨识的基础上，预测可能发生的事故类型及其危害程度，并指出事故可能产生次生、衍生事故，将辨识结果作为应急预案的编制依据。针对可能发生的突发事件和安全生产事故，为迅速、有效开展应急行动而预先制订方案，用以事前事故预防、事发应急响应、事中应急处置、事后恢复生产等各个流程的应对程序。

（1）建立健全应急救援体系，增强各类应急预案的实效性、科学性和可操作性，提高应对风险和防范事故的能力，保证员工安全健康，最大限度地减少财产损失和社会影响。

（2）应急预案的编制的总体要求：①符合国家安全法规、标准及地方政府政策等要求；②保持与建设单位、监理单位和地方政府相关应急预案的衔接；③充分考虑地质条件、区域自然灾害、重点施工和分部分项工程的风险状况和应急能力；④分工明确，措施具体，责任落实；⑤内容完整，简洁规范，通俗易懂；⑥具有实效性、科学性和可操作性。

（3）预案的主要内容。①总则：包括现状、风险分析、指导思想、基本原则、编制目的、编制依据和适用范围等；②组织机构与职责：应急组织指挥体系与职责，包括领导机构、工作机构和责任体系等；③预防与预警机制：包括应急准备措施、预警分级指标、预测与预警发布和解除的程序以及预警响应措施等；④应急处置：包括应急预案启动条件、信息报告、先期处置、分级响应、指挥与协调、应急联动、信息发布、应急结束等；⑤后期处置：包括善后处置、调查与评估、恢复生产等；⑥应急保障：包括救援队伍保障、财力保障、物资设备保障、生活保障、医疗保障、运输保障、治安维护、人员防护、通信保障、地质和气象水文信息服务等；⑦监督管理：包括应急预案演练、宣传教育培训、监督与检查、应急评价与完善、责任与奖惩；⑧附则：包括名词术语和预案解释等；⑨附件：包括工作流程图、相关单位通讯录、应急资源情况一览表等。

8 环境保护规划

环境保护是水利水电工程的一项重要工作内容。施工现场应加强环保管理，最大限度地减少水电施工对周边环境造成的不利影响。为有效地控制和防治水电施工对环境的污染和生态破坏，规范环保措施的实施和管理，施工环境保护的主要内容应包括：废水、废气、固体废物和噪声污染防治与噪声控制、生态保护、人群健康保护、施工环境管理与监测等。

8.1 环境保护项目

在施工过程中要认真贯彻落实国家有关环境保护的法律、法规和规章，其法律、法规、标准是强制性执行的规定，做好施工区域的环境保护工作，对施工区域外的植物、树木尽量维持原状，防止由于工程施工造成施工区附近地区的环境污染，加强开挖边坡治理，防止冲刷和水土流失。积极开展尘、毒、噪声治理，合理排放废渣、生活污水和施工废水，最大限度地减少施工活动给周围环境造成的不利影响。

工程开工前，施工单位要编制详细的施工区和生活区的环境保护措施计划，根据具体的施工计划制定出与工程同步的防止施工环境污染的措施，作好施工区和生活营地的环境保护工作，防止工程施工造成施工区附近地区的环境污染和破坏。

（1）防止扰民与污染：①开工前，应编制详细的施工区和生活区环境保护措施计划，施工方案尽可能减少对环境产生不利影响；②与施工区域附近的居民和团体建立良好的关系，可能造成噪声污染的，事前通知，随时通报施工进展，采取合理的预防措施避免扰民，以防止产生公害；③采取一切必要的手段防止运输物料撒落于场区道路及河道，对不慎撒落物应安排专人及时清理。

（2）保护空气质量：①水泥、粉煤灰的防泄漏措施。在水泥、粉煤灰运输装卸过程中，保持良好的密封状态，并由密封系统从罐车卸载到储存罐，储存罐安装警报器，所有出口配置袋式过滤器，并定期对其密封性能进行检查和维修；②混凝土拌和系统防尘措施。混凝土拌和楼安装了除尘器，在拌和楼生产过程中，除尘设施同时运转使用。制定除尘器的使用、维护和检修制度及规程，使其始终保持良好的工作状态；③机械车辆使用过程中，加强维修和保养，防止汽油、柴油、机油的泄露，保证进气、排气系统畅通；④运输车辆及施工机械，使用 0 号柴油和无铅汽油等优质燃料，减少有毒、有害气体的排放量；⑤采取一切措施尽可能防止运输车辆将砂石、混凝土等撒落在施工道路及工区场地上，安排专人及时进行清扫。场内施工道路保持路面平整，排水畅通，并经常检查、维护及保养。晴天洒水除尘，道路每天洒水不少于 4 次，施工现场不少于 2 次；⑥不在施工区内焚烧会产生有毒或恶臭气体的物质。因工作需要时，报请当地环境行政主管部门同意，采取防治措施，方可实施。

（3）加强水质保护：①砂石料加工系统生产废水经沉砂池沉淀，去除粗颗粒物后，再进入反应池及沉淀池，为保护当地水质，实现废水回用零排放，在沉淀池后设置调节池及抽水泵，使经过处理后的水进入调节池储存，采取废水回收循环重复利用，损耗水从河中抽水补充，与废水一并处理再用。在沉淀池附近设置干化池，沉淀后的泥浆和细沙由污水管输送到干化池，经干化后运往附近的渣场；②混凝土拌和楼生产废水集中后经沉淀池二级沉淀，充分处理后回收循环使用，沉淀的泥浆定期清理送到渣场；③机修含油废水一律不直接排入水体，集中后经油水分离器处理，出水中的矿物油浓度达到 5mg/L 以下，对处理后的废水进行综合利用；④施工场地修建给排水沟、沉沙池，减少泥沙和废渣进入江河。施工前制定施工措施，做到有组织的排水；⑤施工机械、车辆定时集中清洗。清洗水经集水池沉淀处理后再向外排放；⑥生产、生活污水采取治理措施，对生产污水按要求设置水沟塞、挡板、沉砂池等净化设施，保证排水达标。生活污水先经化粪池发酵杀菌后，按规定集中处理或由专用管道输送到无危害水域；⑦每月对排放的污水监测一次，发现排放污水超标，或排污造成水域功能受到实质性影响，立即采取必要治理措施进行纠正处理。

（4）加强噪声控制：①严格选用符合国家环保标准的施工机具，尽可能选用低噪声设备，对工程施工中需要使用的运输车辆以及砂石生产系统、混凝土拌和系统及振捣设备等施工机械提前进行噪声监测，对噪声排放不符合国家标准的机械，进行修理或调换，直至达到要求。加强机械设备的日常维护和保养，降低施工噪声对周边环境的影响；②加强交通噪声的控制和管理，合理安排车辆运输时间，限制车速，禁鸣高音喇叭，避免交通噪声污染对敏感区的影响；③合理布置施工场地，隔音降噪。合理布置砂石生产及混凝土拌和等机械的位置，尽量远离居民区。空压机等产生高噪声的施工机械尽量安排在室内或洞内作业，如不能避免需露天作业时，要建立隔声屏障或隔声间，以降低施工噪声；对振动大的设备使用减振机座，以降低声源噪声；加强设备的维护和保养。

（5）固体废弃物处理：①施工弃渣和生活垃圾以《中华人民共和国固体废物污染环境防治法》为依据，按设计和合同文件要求送至指定弃渣场；②做好料场的综合治理，采取工程保护措施，避免料场边坡失稳和弃料流失。按照批准的料场规划有序地堆放和利用弃料，堆料前进行表土剥离，并将剥离表土合理堆存。完善料场地表给排水规划措施，确保开挖和料场边坡稳定，防止任意倒放弃料降低河道的泄洪能力以及影响其他承包人的施工和危及下游居民的安全；③施工后期对料场坡面和顶面进行整治，使场地平顺，利于复耕或覆土绿化；④保持施工区和生活区的环境卫生，在施工区和生活营地设置足够数量的临时垃圾贮存设施，防止垃圾流失，定期将垃圾送至指定垃圾场，按要求进行覆土填埋；⑤遇有含铅、铬、砷、汞、氰、硫、铜、病原体等有害成分的废渣，经报请当地环保部门批准，在环保人员指导下进行处理。

（6）水土保持：①按设计和合同要求合理利用土地，不因堆料、运输或临时建筑而占用合同规定以外的土地，施工作业时表面土壤妥善保存，临时施工完成后，恢复原来地表面貌或覆土；②施工活动中采取设置给排水沟和完善排水系统等措施，防止水土流失，防止破坏植被和其他环境资源。合理砍伐树木，清除地表余土或其他地物，不乱砍、滥伐林木，不破坏草灌等植被；进行砂石料开采和临时道路施工时，根据地形、地质条件采取工程或生物防护措施，防止边坡失稳、滑坡、坍塌或水土流失；做好弃料场的治理措施，按照批准的弃料规划有序地堆放和利用弃料，防止任意倒放弃料阻碍河、沟等水道，降低水道的行洪能力。

（7）生态环境保护：①尽量避免在工地内造成不必要的生态环境破坏或砍伐树木，严禁在工地以外砍伐树木；②在施工过程中，对全体员工加强保护野生动植物的宣传教育，提高保护野生动植物和生态环境的认识，注意保护动植物资源，尽量减轻对现有生态环境的破坏，创造一个新的良性循环的生态环境，不捕猎和砍伐野生植物，不在施工区水域捕捞任何水生动物；③在施工场地内外发现正在使用的鸟巢或动物巢穴及受保护动物，妥善保护，并及时报告有关部门；④施工现场内有特殊意义的树木和野生动物生活，设置必要的围栏并加以保护；⑤在工程完工后，按要求拆除有必要保留的设施外的施工临时设施，清除施工区和生活区及其附近的施工废弃物，完成环境恢复。

（8）文物保护：①对全体员工进行文物保护教育，提高保护文物的意识；②施工过程中，发现文物（或疑为文物）时，立即停止施工，采取合理的保护措施，防止移动或破坏，同时，将情况立即通知业主和文物主管部门，执行文物管理部门关于处理文物的指示。

8.2 环境保护管理

（1）施工环境管理应与施工期的工程管理同步进行。

（2）施工环境管理主要内容包括：①组织编制施工环境保护实施方案，落实各项环境保护措施；②根据国家及地方环境标准的规定，控制工程污染物排放，保护生态环境；③按照环境保护设计要求，组织检查环境保护措施的实施进度和质量；④组织开展环境监测，及时了解施工区环境质量状况及发展趋势；⑤负责工程环境污染和生态破坏事故的调查和处理。

（3）应根据环境管理的要求，建立污染源排放控制、生态保护、环境监测等规章制度。

（4）应加强文明施工管理力度，环保与文明施工管理是一项长期的、自觉的、全民的系统工程，也是现行水电工程建设过程中极为重要的考核指标。

（5）施工环境监测。建立生态保护及环境监测规章制度，组织编制环境保护监测实施方案并落实其各项措施：①应建立相应的环境监测机构，监测技术应满足规范要求，并按监测方案及时进行施工环境监测；②环境监测应委托有资质的单位进行；③应根据对废水、废气、噪声、固体废弃物、电磁辐射、放射性污染、地质因素及水土流失的需求配备检测设备，并应满足监测工作的最低要求；④检测和监测设备应按规定的检定周期送有资质的检定机构进行检定；⑤可根据工程实际情况租赁检测设备，不具备检测能力的单位可委托检测；⑥环境监测应执行国家、行业及地方标准；⑦影响施工场地外居民生产、生活的环境污染监测点应设在施工场界处，废水、工程弃渣、固体废弃物、滑坡体等宜在施工区域内。监测点设置应考虑风和水流影响，其他监测点设置应符合相关法律法规的要求；⑧根据监测结果对施工"三废"、噪声污染源及施工区环境质量状况进行整理分析，定期上报。对突发性污染事故应及时进行监测、上报，并妥善处理。

8.3　节能减排

（1）节能减排目标。应制定节能减排目标及管理制度，节能减排目标宜满足以下要求：①目标可与行业平均水平或较高水平比较，或与本企业以前的水平比较；②目标宜在一个项目周期内一次确定、分期考核、逐步实现；③目标宜分解到作业基层或设备单车；④宜将电力、燃料、原材料、周转性材料、流程性材料消耗量，作为目标的考核对象。

（2）节能减排管理要求：①应建立健全节能减排管理制度，运用科学的管理方法和先进的技术手段，制定并组织实施节能计划和节能技术措施，合理有效地利用能源；②应推广应用有利于节能减排的新材料、新技术、新设备、新工艺；③宜循环利用废水、废热；④应合理安排施工顺序、确定料场位置等，减少迂回运输；⑤在生产和生活较为集中的区域内，宜集中供热（冷）；⑥应选用效率较高的节能环保型设备，按规定时间和条件淘汰陈旧落后的燃煤、油动设备，关停高耗能设备；⑦有计划地用天然气、石油液化气、电力、太阳能等能源替代燃煤、燃油动力；⑧应规定工程施工质检一次合格率要求，避免返工；⑨应建立周转性材料使用、保护、维修制度，以增加周转次数和降低损耗率。应制定量化的周转次数和损耗率目标；⑩材料代换宜以塑代钢（铝）、以钢代铝；宜制定节约管理措施，规范办公设施和耗材使用。

9 施工信息化

混凝土施工过程信息管理平台的建设目标，是充分利用现有的、先进的网络信息技术、物联网技术、三维可视化技术，结合现场实际的施工管理体系，实现面向业主、设计、科研、监理、施工单位的工程信息采集与质量进度控制的综合管理平台；实现工程进度与质量数据在线实时采集、分析、预警反馈机制；并通过全面继承设计成果、管理施工工艺过程、形成完整的工程数字化档案，为工程的竣工验收与运营移交提供信息保障。

混凝土施工过程管理信息平台的规划包含：计算机网络与硬件设施的建设规划、软件业务功能规划两个方面的工作内容。

9.1 信息化网络建设

（1）施工现场的网络连接。施工现场常用的网络连接方式包括：光纤连接、无线Wi-Fi连接、传统网络连接等。网络连接方式一般根据带宽、连接距离、施工条件、建设成本等因素综合考虑选择。

1）光纤连接：用于长距离、主干网的连接，由光纤收发器、光纤模块、光纤等设备组合而成。光纤需要埋设或架设，对交通有一定的要求。

2）无线Wi-Fi连接：常用于现场场地不固定、交通状况较差、带宽要求较高，视距在5km以内的网络连接。无线连接由无线基站、无线网桥、无线CPE客户端、避雷针、立杆等设备组成。

3）传统网线连接：用于室内或小于100m距离的网络连接。

4）其他网络连接：对于网络带宽要求不高的区域，也可以直接采用电信运营商提供的GPRS/CDMA等无线网络的连接方式。

（2）服务器端的设备配置。服务器可统一安装在标准机柜内，既减少对空间的占用，又便于进行电源管理和集群操作。考虑到后期IT扩充需要，服务器采用机架式服务器，通过配置标准的机架，为将来的管理和系统扩充带来最大的方便。

采用机架标准式的多服务器控制切换器，能够实现单一显示器、键盘、鼠标等输入设备对服务器的统一控制，并可以安装在标准的服务器机柜内，与符合机架标准的服务器配合使用，方便灵活，便于系统的实施及后期的维护工作。

（3）机房的建设。信息服务器机房建设主要包括布线系统、供电系统、空调系统、防雷系统等子系统的建设。

1）布线系统。布线系统建议采用开放式结构化布线方式，整个系统需配置灵活、易于管理、易于维护、易于扩充且美观。

2）供电系统。服务器机房的供配电系统是机房建设工程中的关键项目，机房供电质量的好坏，直接影响服务器系统正常、可靠地运行，也影响机房内其他设备的正常运行。

3）空调系统。为保证各类服务器和设备能够稳定、安全、可靠地运行，机房内需要配备专用空调设备，满足设备对环境温度、湿度和洁净度的要求，起到减少设备故障率、延长工作寿命的作用。

4）防雷系统。一般采用三级防雷的防雷方式，重点考虑因雷击或线路过压对服务器及其相关设备造成的损坏。

（4）管理。信息机房建设完成后，需建立一套管理规范，以保证服务器及设备稳定、安全的运行。机房运行管理规定中需要明确以下内容：

1）确定机房责任人，实行问责制。

2）制定机房管理制度，主要包括机房的日常管理、安全管理、卫生管理、数据管理等方面。

3）每天对机房进行巡检，并做好相关记录。

9.2 信息管理平台

9.2.1 系统构成及功能

混凝土工程信息管理平台应实现覆盖混凝土浇筑计划、原材料准备、混凝土浇筑仓面设计、混凝土拌和、拌和物性能试验、混凝土运输、混凝土浇筑、混凝土养护、温度控制、质量验收在内的施工全过程的信息化管理，并通过温控反馈分析，实时监控并预测大坝施工期工作性态，为混凝土施工进度及各项温控措施的动态优化调整提供技术支持。

混凝土工程信息管理平台包含四个主要子系统：施工信息采集系统、温控反馈分析系统、预警及决策支持系统、数据查询及输出系统。

9.2.2 数据采集系统

混凝土工程数据采集系统借鉴制造业 MES 制造执行系统的理念，应用物联网技术、手持式数据采集、工业组态、业务工作流等关键的技术手段，通过操作层日常业务的信息化管理，对施工工艺过程进行精细化监控，包括：①设计方案与要求，浇筑计划编制，施工组织设计，混凝土原材料信息（包括粗骨料、细骨料、胶凝材料、水、外加剂等）与混凝土试验数据采集；②包括仓号、高程、混凝土工程量、浇筑时段等施工信息；③包括钢筋、模板、预埋件、混凝土等检测与评定信息在内的仓面施工信息采集；④工区环境数据的采集、拌和楼、缆机的运行数据采集，其他浇筑设备运行数据采集，施工期安全监测等信息的综合采集等。

混凝土工程数据采集系统设置 10 个业务管理模块：设计成果管理、浇筑计划管理、仓面设计管理、备仓与开仓管理、混凝土生产管理、混凝土运输管理、混凝土浇筑工艺、温控过程管理、安全监测管理、工程质量评价管理。

（1）设计成果管理。设计成果管理主要是实现对混凝土建筑物设计信息与相关地质勘测成果的全面继承与综合管理。

混凝土结构物作为工程最终的交付产品，是形象进度、工程分析的主体。结构物本身可以逐级细分形成一套工作产品分解结构（Product Breakdown Structure，简称 PBS）。如坝体可以分解为：坝段、坝块、横缝、廊道、埋件等组成结构，坝块又可以细分到每一仓号等。

设计信息管理将提供建筑物 PBS 结构划分体系，以及各级 PBS 结构的三维设计模型、设计施工参数的管理功能。

地质数据包括地层模型、地质构造模型、岩石性状、勘测资料、现场地质素描以及补充地质资料等。系统地质信息管理主要针对混凝土建筑物的工程地质成果数据进行管理，包括地表、地层、岩级、结构面、风化卸荷分界等地质类型的三维模型、力学参数以及相关勘测资料的维护。

（2）浇筑计划管理。混凝土浇筑计划分为：长期计划、中期计划与短期计划。

浇筑计划管理支持施工进度仿真计算系统的接口，实现对工程状态参数与资源参数的提取、仿真结果的存储与后期处理展示与发布功能。仿真计算系统首先从系统中获取施工资源参数、状态参数、当前的浇筑状态信息，实现仿真计算。用户调整仿真的参数，进行多次仿真计算后，并对仿真计算结果进行综合比对，选择最优的方案并形成最终的浇筑计划，经过审核后通过浇筑进度仿真接口发布到系统中，作为施工进度的控制基准。

（3）混凝土生产管理。混凝土拌和生产是混凝土浇筑进度与质量管理的重要环节。混凝土生产记录实现与拌和楼生产控制系统的数据接口，定期采集其生产运行数据，采集的生产信息可以用来分析拌和楼的生产强度、生产方量、各配比的生产强度与单仓的生产强度等。

系统维护每一仓混凝土的拌和楼配料信息，并支持在系统中维护配料信息后向拌和楼下达配料单。

混凝土生产自动调度是利用 RFID 自动识别技术，实现混凝土生产任务下达、车辆任务分派的一体化集成控制。系统利用无线射频识别技术 RFID，结合 LED 显示屏、车辆道闸、信号灯等设备，可以实现混凝土车辆的自动调度控制，实现车辆调度和拌和楼混凝土生产的无缝衔接，提高混凝土生产效率，减少人为产生的废料。

（4）混凝土运输管理。混凝土工程常用的入仓手段包括：缆机、门（塔）机、带式机等。混凝土运输管理的数据采集以各类主要浇筑设备为对象，全面记录设备的运行出力情况。

1）缆机运行接口。缆机运行数据接口用来实现缆机运行数据的自动采集，为改进缆机的运行模式，提高缆机的工作效率提供数据支持。

系统抽取缆机系统运行的时程数据后，采用有限状态机分析出缆机调运混凝土的每个单循环过程的对位、下料、起运、卸料、起罐等关键节点信息，计算出装料、去程、卸料、回程的时长等信息。依据每个单循环的数据，可以联机查询缆机任意一次单循环的运行轨迹，并分析、优化其操作过程。

2）带式机等连续性浇筑设备的运行接口。带式机运行接口与缆机运行接口的实现策略类似，但带式机的运行数据内容较少，仅记录时间与当前状态（运行/未运行）。带式机运行记录数据存入系统后，为后续的设备出力情况分析提供数据支持。

（5）温控过程管理。混凝土温控过程是对混凝土拌和、运输、入仓、浇筑、冷却全过程温控管理，并支持超标项的多层次预报警，可通过邮件、短信等方式通知相关人员，支持严格的现场温控数据采集、提交、审核与校核机制，保证了数据的真实性与准确性。

1）温控标准管理。温控标准管理是针对每个浇筑仓可设置个性化温控标准，支持理论温度与控制温度的双重校核。

A. 理论温度定义。以浇筑仓为单位，反映根据理论参数（如：季节、部位、混凝土特性等）计算出来的温度变化预测曲线，假设 T 为混凝土开仓时间，则计算出每一个 DeltaT（混凝土龄期）时间的温度值。

理论温度作为实际温度的预测，如果实际温度曲线与理论温度曲线重合，则说明预测较为准确或温控过程中没有未预知的异常情况发生。理论温度可以因不同的温控措施而形成多个预测值曲线。

B. 控制温度定义。控制温度作为温控分析和预报警的指标基础，混凝土的实际温度值不能超过温度控制标准范围。控制温度的内容包括：出机口温度、上下层温差、封拱温度、各温控阶段的目标温度、升温降温速率、最高温度限制、温度变幅上限值和下限等，同时包含有与理论温度预测曲线类似的控制温度曲线。

2）温控数据采集。大坝温控数据的采集涉及混凝土施工的各个阶段，包括：骨料的一冷、二冷温度，出机口温度、入仓温度、浇筑温度、混凝土内部温度（施工期临时埋设温度计、测温管等）、混凝土表面温度、基岩温度、特殊位置温度、冷却通水流量、进出口水温、通水换向记录、停水闷温记录、闷温检测结果、通水异常信息（水管打断、温度计损毁等）。及时、准确的原始数据，是混凝土温控管理稳定运行、高效分析的关键。为达到此目标，在满足传统数据采集方式、手段的基础上，可采用手持式数字采集与无线数字采集相结合的方案，提高温度数据的及时性和准确性。它利用数字式测温计、自动化数据采集装置、无线收发装置等先进的仪器设备，实现了施工现场温控数据的自动采集、传输以及与混凝土温控管理软件间的无缝集成。

数字温度计采用 Maxim 公司生产的 DS18B20 温度传感器封装，输出信号数字化，内置地址序列码，方便管理，通过上位机管理系统能快速进行超温点定位。

（6）安全监测管理。安全监测管理主要是实现大坝施工期的所有安全监测信息与环境监测信息进行统一的采集与管理。管理的监测项目包括：应力、应变、混凝土温度、缝面开合度及环境量监测（包括气温、水温、地温）等。安全监测管理模块包括：基础定义、测点管理、监测数据记录三大功能。

1）测点管理。仪器埋设数据管理功能主要是定义安全监测点的埋设信息，主要包括：①测点空间位置信息：埋设坐标（桩号）、埋设高程；②测点位置属性信息：定义测点所属监测部位、监测断面、所属仪器路径等信息；③测点监测仪器观测类型：定义测点的观测类型，包括：变形、应力、应变、渗流、温度监测等；④测点监测仪器工作状态：已损坏、已修复、正常。

系统支持虚拟测点定义功能，支持对环境检测项目管理。

2）监测数据记录。监测数据记录用于安全监测数据的维护和管理。监测数据记录支持手工录入、格式化 Excel 数据导入，安全监测支持自动化数据采集接口，通过与安全监测数据采集系统接驳，将数据抽取、整理后，统一存储到系统数据库中。

（7）工程质量评价管理。工程质量管理实现对混凝土试件及各项性能检测的综合管理，实现混凝土备仓与浇筑过程中的各项工序质量评定、混凝土浇筑单元质量验收管理。

1）检测取样管理。检测取样管理实现对混凝土取样信息的管理，支持拌和楼取样、现场取样、实验室取样类型；支持各类试验参数的编制、指定试验项目与试验龄期；系统可根据制定的龄期参数，实现试验提醒功能。

原材料检测过程中，取样后，为防止样品混淆，保证检测的一致性，应对样品进行编号、登记。检测取样管理的作用是对混凝土、水泥取样样品进行管理，样品检测类型主要分为以下四种：水泥性能检测、混凝土性能检测、混凝土自身体积变形、掺外加剂混凝土检测。

2）原材料质量检测。原材料质量检测功能实现粗骨料、细骨料、胶凝材料、水、外加剂等检测数据的采集；原材料质量数据的采集主要通过桌面系统实现，检测项目包括：粉煤灰质量检测、外加剂均匀性检测、外加剂溶液质量检测、砂品质检测、骨料品质检测、骨料温度检测、水泥性能检测等。

系统支持原材料检测标准的定义。原材料质量检测成果，可以形成各类符合格式要求的表格与图表；可根据定义的标准与实际检测的结果自动计算符合率、偏差率等，并进行趋势分析与稳定性分析。

3）混凝土性能检测。混凝土性能检测共有八项检测内容：水泥性能检测、混凝土强度检测、混凝土拉伸试验检测、混凝土弹性模量检测、混凝土抗冻试验检测、混凝土抗渗试验检测、混凝土自身体积变形、掺外加剂试验检测。通过该八项检测，可以确定混凝土是否满足大坝建设的设计标准。

本功能和"检测取样管理"功能是紧密相连的。八项检测中水泥性能检测主要是对水泥样品进行检测，其检测内容为水泥性能检测中的检测项目。后七项检测主要是针对混凝土的取样样品进行检测，是分不同龄期进行相关项目的检测，八项检测内容分别对应"混凝土取样管理"的"检测项目"。

4）工序质量验收。工序质量验收包括对模板、钢筋、清基、预埋件、冷却水管、止水、伸缩缝材料、浇筑过程、混凝土外观、单元质量等质量检测表的录入、审核与打印功能，表格格式将根据规范要求进行调整，以满足归档与工程竣工资料的格式要求。

5）单元质量评定。单元质量评定是为对已浇筑仓进行质量评定，记录/检索仓面质量评定信息，为数据分析提供依据。混凝土单元质量验收主要包括：混凝土单元工程质量评定表；混凝土浇筑工序质量评定表；混凝土外观质量评定表；施工期观测仪器安装质量评定表。

6）混凝土缺陷管理。混凝土缺陷管理以施工质量问题处理单和验收评定的混凝土缺陷修复检查验收表为业务数据来源，主要功能是用来对工程质量事故、事故初步处理措施的审查以及工程质量事故的处理等整个过程进行跟踪管理。

9.2.3 数据的处理与分析

将系统采集的各类现场数据，及时通过科学、直观的模式进行数据分析，实现分析预警与综合查询功能。同时，使现场生产数据及时、准确、完整、真实的反馈到管理层，使各级管理层迅速、准确地掌握到第一手数据资料，及时了解现场生产情况，为有效指导管理施工奠定基础。如：大坝温控反馈分析系统建立在科研管理平台基础上。通过建立前处理模块、嵌入式计算模块、成果管理与发布模块，对各科研单位的温控数值计算分析参数、计算过程及分析成果进行统一管理。一方面，通过定义标准的接口规范，从施工监测与信息采集系统中获取包括几何形体参数、工程设计参数、安全监测数据、施工进度等供温度应力应变有限元仿真计算程序使用；另一方面，温度应力仿真计算成果通过针对性开发的接口实现对仿真结果的管理与发布，供各层次的决策者、管理者查询分析，以实现对施工进度与质量的实时、科学监控；同时，系统支持集成标准化的仿真计算算法，实现嵌入式分析计算功能，工程技术人员可以根据现场情况，利用现场的数据，快速组织嵌入式仿真分析与反演分析，辅助方案决策。

温控反馈仿真分析平台将定义标准的模型与成果格式，支持采用云图、矢量图、等值面、表面等值线、剖视图、特征线、特征面提取等后处理方法对成果进行可视化分析，支持应力、位移、渗流、温度等分析计算成果的展现。其中：云图是有限元分析结果最直观的表达方法，包括有温度、渗流等标量场；应力场、位移场等矢量场的可视化显示与过程动态模拟，包括彩色云图、等值线图、等值面及切片云图。

系统支持大坝温度场和应力场的现场仿真分析。从浇筑第一方混凝土开始，根据现场实际施工进度、气候条件、材料特性及实际温控措施，仿真计算各坝块的实际温度场和应力场，可随时了解已浇混凝土的温度、应力状态及其变化规律。

系统可实现大坝温度场和应力场的预报。当施工达到一定阶段后，可根据当时已浇坝体的实际温度情况，按照预定计划，进行仿真分析，以预报完工后坝体的温度和应力状态，检查是否符合要求；当施工条件（材料特性、气候条件、温控措施、施工进度等）有所改变时，可根据新的条件及已浇坝体的实际情况，拟定几个施工方案，进行仿真计算，预报竣工后坝体温度与应力状态，从中选择一个满足要求的可行方案；在坝体接缝灌浆之前，根据已浇混凝土的实际温度进行仿真计算，预报达到灌浆温度所需时间，及时调整温控措施，保证大坝能够及时灌缝蓄水。

系统可实现大坝温度场反向计算与分析。室内试验求得的混凝土热学性能与实际情况往往有一定出入。系统可根据现场实测混凝土温度，对混凝土热学性能进行反分析。

9.2.4 预警及决策支持系统

（1）预警管理。为方便施工过程中及时发现偏离项，系统提供统一的预警功能。首先将所有的预警项目划分为不同的预警类，每个预警类对应多个预警项，每个预警项可包含多个预警元，预警项的预警状态通过对所有预警元的状态进行逻辑运算获得。每一个预警元的预警状态根据设定的判别依据和指标得到。

每个预警元都包含有选定的预警元测点和安全指标。将测点的测值和所定义的安全指标进行逻辑比较可得到相应预警元的判别结果。再将一个预警项下所有预警元的判别结果进行逻辑运算后即可得到该预警项的预警状态。

混凝土施工过程的预警可通过上述预警平台定义相应的预警服务实例，并设置安全预警相应的预警元安全指标以及判断标准，如：以变化速率发生突变为指标进行判断，则通过设置变化速率的指标值，计算预警元的变化速率，并将预警元变化速率值与指标的值按照一定的红色、橙色、黄色的判断标准进行比较，最终实现施工过程预警，并发布响应预案措施，预警发布对象可解除预警。

（2）预案管理。预案管理模块主要是根据有关安全法规、规范和专家以往的工程经验，针对工程当中预先定义好的预警项目进行预案的定义。当发生大坝预警时，提供给工程领导或决策人员辅助决策的建议和相应的处理措施等。

每一个安全预警项目分为红色、橙色、黄色三级预警，相同预警项在不同时期、不同环境下发生的预警，所采用的应急预案会不相同。因此，在进行预案管理时，相同预警项在不同时期或者其他不同条件下所定义的预案也有所区分。

（3）决策支持系统。信息管理平台不仅是一个数据采集系统，更是一个综合查询分析系统。系统采集的各类现场数据，及时通过科学、直观的模式进行汇总、分析与展现，实现综合查询，将现场记录数据转变为有用的信息，为施工决策提供数据依据。

9.3 应用实例——溪洛渡水电站工程

溪洛渡水电站位于四川省雷波县和云南省永善县接壤的金沙江峡谷段，是一座以发电为主，兼有拦沙、防洪和改善下游航运等综合效益的大型水电站。枢纽由拦河坝、泄洪、引水、发电等建筑物组成。拦河坝为混凝土双曲拱坝，坝顶高程 610.00m，最大坝高 285.50m，坝顶弧长 698.07m；左、右两岸布置地下厂房，各安装 9 台 77 万 kW 水轮发电机组，水电站总装机容量 1386 万 kW，多年平均发电量 571.2 亿～640.6 亿 kW·h。

溪洛渡水电站"数字大坝"是为满足溪洛渡水电站工程大坝施工过程精细化管理需要而建设的信息化管理平台。它全面规划了大坝从原材料检测、混凝土生产与运输、混凝土施工、混凝土温控、固结灌浆、帷幕灌浆、接缝灌浆、安全监测、地质勘察等施工工艺的流程和业务数据管理范围；通过整合传统计算机桌面应用技术、手持式无线终端技术、RFID 射频识别技术、数字传感技术、嵌入式设备接口等多种数据采集方式，全面集中地存储了大坝工程的设计数据、计划数据、工艺控制标准数据、现场关键工序的执行数据；通过预置的处理过程，自动完成工程工艺技术、进度、产量、质量等关键指标的统计分析及三维可视化的展现。其中，大坝混凝土施工和温控管理，其成果直接指导现场的施工生产，大大提高了混凝土温控的效率与管理水平。

溪洛渡水电站拱坝施工过程监测与仿真分析系统涉及模块包括：混凝土浇筑与温控、安全监测、仿真分析、三维地质、固结灌浆、帷幕灌浆、接缝灌浆、金属结构制作与安装等。从 2008 年 10 月大坝第一仓混凝土开始浇筑时正式启用，系统注册用户 400 余人，常用用户近 200 人，使用的单位包括：中国长江三峡集团公司溪洛渡工程建设部、成都勘测设计研究院、二滩国际溪洛渡工程监理部、中国水利水电第八工程局有限公司溪洛渡大坝施工局等主要的大坝工程参建单位，以及清华大学、中国水利水电科学研究院、三峡大学等科研单位。

溪洛渡水电站大坝施工管理信息系统的应用，解决了繁杂的数据采集、统计和分析工作，减轻了施工单位和监理单位的日常工作压力，赢得系统基层使用单位的广泛好评。借助管理系统，现场生产数据能迅速、准确、完整、真实地反馈到各级管理层，管理人员根据现场生产情况，结合科研单位和高等院校对工程措施实施效果的仿真计算分析，形成对现场问题处理的快速响应与反馈机制。

系统在溪洛渡水电站大坝施工管理过程中充分发挥了作用,有效地服务于各级工程建设管理人员的生产管理需求,应用非常成功。此管理系统的建设,也为今后类似大型工程管理系统的建设打下良好的基础,留下不少值得借鉴的宝贵经验。

9.3.1 建设"数字大坝"的背景

溪洛渡大坝为混凝土双曲坝,坝顶高程 610.00m,最大坝高 285.5m,为超高薄壁拱坝。工程地质条件复杂、施工与质量控制难度大。为了实现对溪洛渡大坝基础处理、混凝土施工与温控过程的有效监控与管理,保证工程的质量、保证施工与运行期的大坝的绝对安全,结合工程建设实际,建立全过程、全方位的施工监测与仿真分析系统,实时集成施工全过程的真实数据,形成"数字大坝",为施工过程控制和决策提供支持。实现对大坝施工过程数据、监测数据、温控数据和科研单位的科研成果的收集、整理进一步展示,实现统一的数据接口、查询分析与预报警方案,为大坝基础处理和温度控制提供可靠的数据,实现有效地过程监控与分析,为建设优质工程服务。

9.3.2 溪洛渡"数字大坝"的特点和功能

9.3.2.1 全面及时采集大坝施工过程数据

(1)通过各种手段对现场各种数据进行及时收集。为了实现有效的数据采集,系统通过建立施工区的无线网络覆盖、采用专用数据采集设备,实现移动式的数据采集模式。大量的生产数据,特别是混凝土温控的相关数据,需要现场直接进行测量、采集,并快速进行反馈,以便及时分析。系统通过在现场布置蜂窝状的无线网络覆盖与传输设备,形成MESH 网络,对工地作业范围进行整体网络覆盖。同时,系统针对现场的网络应用状况,配置了专业的数据采集设备,该设备支持工业级的防护手段,支持条码扫描、无线宽带接入等功能,满足了现场数据采集的应用需要。系统实现了多手段的数据采集模式。

1)自动数据导入。混凝土浇筑过程中的某些工序,是通过大型的控制设备来实现的,这些设备往往配备有智能的工业控制计算机系统,并有专用的数据库将生产数据进行存储和管理。对于这类数据的采集,系统实现了自动化的数据采集接口,通过定义标准的接口规范,开发、安装、部署接口导入软件,实现自动采集。目前,混凝土拌和楼的生产数据、缆机运输数据正是通过这种模式实现的;而与三峡大学光纤测温系统的接口,也是采用类似的技术方案实现。通过这种方法,基本避免了人工干预与额外的操作。同时,保证了数据采集的准确性与及时性。

2)现场手持式数据采集。在大坝浇筑及温控管理过程中,还有大量需要采用传统的方法人工测量的数据,如:埋设在仓面中的大量差阻式温度计,就需要使用专用的仪器设备进行采集。针对这种需求,系统实现了在线式手持数据采集系统。通过使用条码技术,对采集的目标进行统一的条码编码,实现快速扫描定位。同时,使用支持数字、日期、文本、列表、多选等功能的导航式数据输入模式,实现数据快速录入,并通过规范约束尽可能减少出错。

3)桌面系统录入。对于某些控制性的数据,或者需要实现单位之间申报、审核、审批等流程的数据,不适合于使用手持设备现场进行采集,系统同样实现了传统的桌面系统录入模式。这种模式，是对手持式数据采集录入模式的有效补充，满足了某些特定条件下的需要。如：在混凝土温控管理中，冷却阶段的转换控制，就通过桌面系统来进行。

（2）对现场各种数据进行全面收集。本项目首先建立起统一的施工过程综合数据采集与分析平台。在此基础上，针对各个施工任务的特点与管理要求有针对性的实现数据采集、管理与分析功能。同时，将各个工序的成果进行集成分析与应用。系统实现的土石方工程、混凝土浇筑、混凝土温控、固结灌浆、帷幕灌浆、接缝灌浆、路基填筑等，能较全面覆盖大型土建工程的工作范围。通过对主要施工任务的覆盖，并应用数字仿真与分析计算技术，实现更高层次的综合分析与施工进度质量管控。系统不但实现了施工任务内各工序的一条龙分析与管控，还通过任务之间的约束与工作界面，实现了更高层面的综合管理与分析。

1）混凝土浇筑模块实现了大坝混凝土施工计划、设计、生产、运输、浇筑过程的全面管理。其中：浇筑计划功能实现了可视化的计划管理功能，支持与设计院大坝浇筑进度仿真软件的接口；混凝土仓面设计功能支持对仓面混凝土类型、人—材—机资源投入、浇筑方法与设计图纸的管理，实现了跨职能的业务审核流程；系统实现了混凝土配合比及生产批量单的管理。同时，通过开发与混凝土生产拌和系统的接口，实现了生产数据的自动采集；实现了与缆机监控系统的接口，实现了混凝土浇筑单循环数据的自动采集；系统应用了手持式无线采集技术，实现了混凝土浇筑盯仓记录采集。

2）混凝土温度管理模块针对溪洛渡大坝温控的特点，实现了温控标准定义、温控数据采集及温控阶段转换等功能。本模块通过应用设计院及相关科研单位的混凝土温控标准，实现了温控标准的维护及理论温度管理；应用了自动采集技术，实现了光纤测温数据的自动采集；通过应用手持式终端等无线采集技术，实现混凝土内部温度、冷却通水状况、现场气温、温控异常情况的快速采集。同时，系统实现了部分与大坝混凝土温控相关的安全检测数据的采集。

3）混凝土质量管理模块实现了对从原材料检测、到生产、备仓、浇筑过程的质量评定、混凝土性能检测及缺陷处理等全方位的质量管理功能。其中，原材料质量检测实现了水泥、粉煤灰、砂石等主要材料的性能指标的综合数据采集功能；混凝土性能检测实现了对混凝土强度、抗拉、弹性模量、抗冻、抗渗等指标的检测数据管理。

4）灌浆管理实现了灌浆的设计、施工、质量与成果的综合管理。其中，设计数据的管理实现了可视化孔位布置、施工组织设计；施工过程管理支持钻孔、压水、冲洗、灌浆等施工工序数据的采集，同时实现了与灌浆自动记录仪的采集接口；灌浆质量管理实现了灌前、灌后物探检测及终孔验收管理等功能；灌浆成果的管理实现了单孔成果一览、分序统计、综合纵剖面图、透水率与注入率的分析等功能，支持 CAD 成果图的输出。

5）系统的综合查询与预报警模块，充分利用二维表格、图表、三维可视化与仪表盘等技术手段，直观、准确地实现了各业务模块的综合查询与分析展现。系统实现了以仓为核心的设计、生产、施工及温控过程的综合查询；实现了基于三维可视化模型的进度、温度、质量查询与分析；实现了可定制的分层次预报警功能及个性化配置的首页综合状况展现。系统实现首页综合信息展现与预警功能。通过该功能，用户登录系统后，就可以将大坝浇筑过程中的关键性指标（如：计划、进度、间歇期、混凝土温度等）用仪表盘、图表、三维展现等模式进行快速地展现。同时，系统将根据指标参数进行提前预警，实现快速信息反馈与异常状况警示。

（3）数据共享，各方可实现查询。桌面综合查询是在各个业务功能模块的基础上，进行数据的提取、汇总、综合，形成的对计划、浇筑、温控、质量、灌浆的施工数据的共享、分析与综合查询。下面分别对综合查询功能进行说明：

1）混凝土浇筑计划与进度综合查询。拱坝主体的工程进度控制，是工程管理的核心之一。系统通过将大坝进度仿真规划与拱坝施工生产管理相结合，辅助以人工干预与计划调整，实现溪洛渡水电站高拱坝施工过程的三维动态可视化仿真计算与实时控制分析。系统能针对施工实际进程和资源配置情况等施工条件，实时仿真预测施工进度，为大坝施工方案的优化决策和施工进度的实时控制提供依据。

浇筑计划与进度综合查询，可以实现计划信息的发布、不同计划版本的可视化查询功能；实现不同方案下的计划对比，计划与进度的动态比较；实现各种计划、控制图表的输出与打印功能，自动生成符合规范的计划与进度报表。浇筑计划与进度综合查询主要功能见表9-1，典型界面见图9-1、图9-2。

表9-1   浇筑计划与进度综合查询主要功能

序号	查询分析内容	说　明
1	三维可视化查询	基于拱坝的三维形象，分层、分块静态或动态展示浇筑计划，支持按周、月、年的颜色显示样式
2	浇筑强度分析	分月、季度、年查询浇筑强度信息，支持强度分布与累计查询
3	浇筑设备强度分析	单台或全部入仓设备（缆机）的工作时长与入仓强度情况
4	施工方案对比	不同措施与参数下的浇筑方案中的总进度、各阶段强度、高峰期、资源投入状况、设备利用率、与节点工期要求的符合度对比
5	计划与进度对比	通过三维、表格或图形的模式，综合反映计划与实际季度情况，分析其差异
6	计划综合报表	输出符合格式要求的计划报表与图形

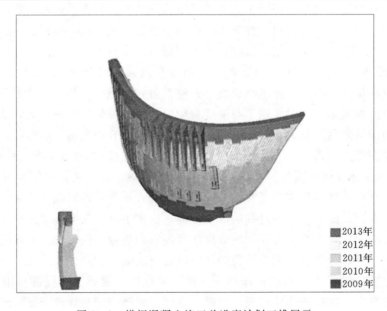

图9-1　拱坝混凝土施工总进度计划三维展示

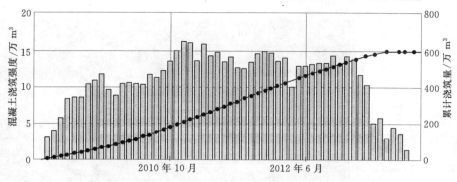

图 9-2　拱坝混凝土浇筑月强度分布图

2）单仓综合信息查询。单仓综合信息查询，是以混凝土浇筑仓号为管理目标，实现对设计、施工、质量的全方位查询分析。单仓综合信息查询主要的功能见表9-2，典型界面见图9-3、图9-4。

表 9-2　　　　　　　　　　　　单仓综合信息查询主要功能

序号	查询分析内容	说　明
1	仓面埋设布置	使用三维可视化及表格方式展示仓面的各类埋设仪器信息
2	仓面设计信息	混凝土浇筑施工组织设计中的各类规范、施工组织方式与要求，CAD图纸及附件信息
3	资源投入状况	反映仓面设计要求的资源投入情况及实际的投入情况，包括入仓设备、浇筑设备、仓面设施与人员信息，提供计划与实际对比功能
4	混凝土生产信息	反映当前仓的混凝土生产情况，包括每一盘的生产明细、每台拌和楼、不同配合比的生产强度信息及可能发生的错废料信息
5	混凝土运输信息	反映当前仓的缆机垂直运输情况，可以查询每一次单循环的轨迹及阶段时长，对缆机的综合运行时间及效率进行评估
6	坯层覆盖情况	通过分析缆机的下料点坐标，分析混凝土的坯层覆盖情况，避免浇筑过程中的覆盖时间超出设计范围
7	盯仓记录	综合反映施工单位、监理单位记录的开收仓信息、仓面发生的异常信息等，整个浇筑过程的第一手资料
8	出机口温度	本仓混凝土生产的出机口温度检查结果，与设计值进行比较，计算符合率
9	仓面温度	本仓混凝土浇筑期间的历次仓面气温、入仓温度、浇筑温度的检查结果，与设计值进行比较，计算符合率
10	质量评定情况	本仓混凝土备仓与浇筑期间的综合质量评定情况与评定结果
11	混凝土拌和物检测情况	本仓混凝土生产期间的拌和楼性能检测结果，包括含气量、坍落度、骨料的占比等

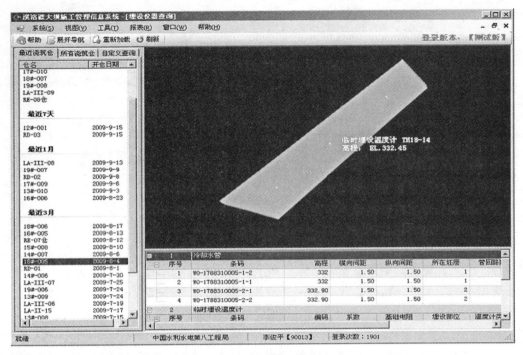

图9-3 仓内埋设仪器信息查询

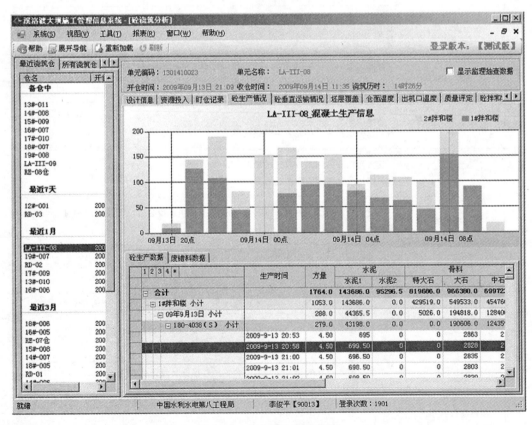

图9-4 单仓综合信息查询

3）设备运行效率分析。系统通过桌面业务系统、自动采集软件实现了对缆机、拌和楼大型生产设备的运行过程监控，通过综合这些过程监控数据，系统可实现设备运行效率的分析，主要内容包括：

拌和楼出力及产量分析：分析拌和楼的平均工作时长、生产产量，提供对比与趋势分析。

缆机完好率、利用率分析：分析缆机的故障、检修、待令、打杂、混凝土吊运的时间，计算出设备的完好率与利用率，并分析变化趋势。

缆机单循环运行效率分析见图9-5：分析任意时间段内的每台缆机的混凝土垂直运输单循环运行时长、平均运行速度，装料、运输、浇筑、回程各阶段的时长与占比，各台缆机的出力占比，以及运行效率的变化趋势。

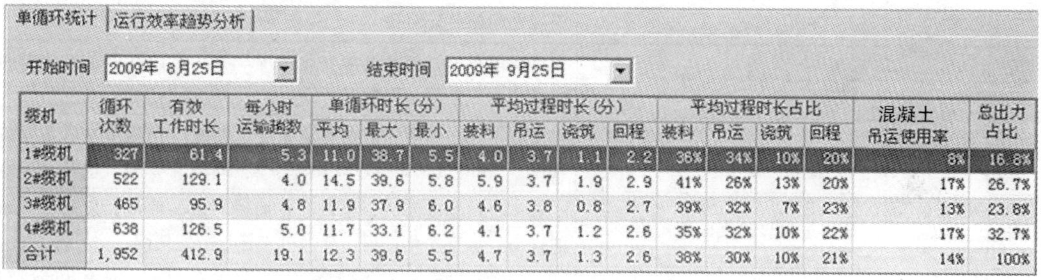

缆机	循环次数	有效工作时长	每小时运输趋数	单循环时长(分)			平均过程时长(分)				平均过程时长占比				混凝土吊运使用率	总出力占比
				平均	最大	最小	装料	吊运	浇筑	回程	装料	吊运	浇筑	回程		
1#缆机	327	61.4	5.3	11.0	38.7	5.5	4.0	3.7	1.1	2.2	36%	34%	10%	20%	8%	16.8%
2#缆机	522	129.1	4.0	14.5	39.6	5.8	5.9	3.7	1.9	2.9	41%	26%	13%	20%	17%	26.7%
3#缆机	465	95.9	4.8	11.9	37.9	6.0	4.6	3.8	0.8	2.7	39%	32%	7%	23%	13%	23.8%
4#缆机	638	126.5	5.0	11.7	33.1	6.2	4.1	3.7	1.2	2.6	35%	32%	10%	22%	17%	32.7%
合计	1,952	412.9	19.1	12.3	39.6	5.5	4.7	3.7	1.3	2.6	38%	32%	10%	21%	14%	100%

图9-5　缆机单循环运行效率分析示意图

4）混凝土温控信息查询。混凝土温控信息综合查询与分析是系统的核心功能之一。系统设计了多模式、多维度的数据展现与查询方案，形成了以二维图表与三维可视化相结合的温控数据查询与分析模式；混凝土温控信息综合查询功能实现了包括施工期埋设温度计、测温管、光纤测温温度、表面温度等单仓混凝土温度过程曲线，系统支持温控阶段管理，实现最高温度、温度变化幅度、日温度变化幅度等信息的统计；在此基础上，系统实现对混凝土内部温度曲线、混凝土通水流量曲线、混凝土通水入口温度曲线、现场气温曲线的对比查询；系统同时实现了混凝土温度对比分析，分析对比同时间或同龄期的混凝土温度差异情况。

系统实现了基于三维可视化模型的单仓温度分布情况及温度场的综合查询与分析；通过三维综合分析，可以查询出不同部位的混凝土温度差异情况及高温点的分布情况等信息，分析建筑物当前的温度分布情况及最高温度分布情况等。

系统提供指定统计周期内的混凝土温控综合成果的查询功能；包括对任意时间段内的出机口温度、浇筑温度、混凝土内部最高温度、通水情况、闷温情况等信息均可以按照指定的格式进行统计汇总，形成成果报表，满足各参建单位的应用需要。混凝土温控系统主要查询项目及内容见表9-3，典型界面见图9-6～图9-9。

5）原材料检测与混凝土质量信息查询。原材料检测与质量信息综合查询实现包括原材料质量检测成果、粗骨料检测成果、混凝土浇筑工序验收成果、混凝土性能检测成果、混凝土质量综合分析功能。本功能支持按标准的控制规范计算符合率及其他统计信息，并按标准的表格要求形成成果表格、分布图及过程曲线见图9-10、图9-11。

表9-3　　　　　　　　　　　混凝土温控系统主要查询项目及内容

序号	项目	查询分析内容	说　明
1	温度过程曲线	混凝土温度控制曲线	根据温控要求制定的一期控温阶段的温度变化控制曲线，混凝土实际温度应该小于控制温度
2		混凝土温度理论曲线	根据当前的各种内外部温控条件，理论分析计算出的混凝土温度变化过程曲线，帮助进行过程温度控制，并用来校核实际变化与理论计算是否相符
3		单只温度计采样曲线	任意一支温度计的检测数据，反映不同位置的混凝土温度变化情况
4		内部平均温度曲线	同类型温度计检测的内部温度的平均值，可以分为施工期临时埋设内部温度计、测温管、光纤测温温度等曲线，并可实现相互之间的差异对比
5		混凝土表面温度曲线	反映混凝土表面的温度变化情况，并可在此基础上综合分析混凝土的内外部温差情况
6		冷却通水流量曲线	反映不同冷却期间的通水流量变化情况（包括单支管与平均流量）。同时可反映停水、闷温检查情况及温控异常情况
7		通水进出口温度曲线	分为进口温度曲线、出口温度曲线，温差曲线，反映冷却水的进出口温度变化过程，分为单支管与平均情况
8		现场环境温度曲线	反映环境气温的变化过程，分析日最高温度、最低温度、平均温度、昼夜温差及单日最高温度变幅等。进而分析环境温度对混凝土温度的影响
9	温度对比分析	同时间温度对比	查询分析相邻浇筑块的温度差异情况，以及上下层之间的温度影响情况
10		混凝土龄期温度对比	可反映不同时期，不同温控方法，不同部位与混凝土属性对混凝土温度变化过程的影响
11		最高温度分布	使用三维可视化的方式反映浇筑物（大坝）整体的最高温度分布情况
12		当前温度分布	使用三维可视化的方式反映浇筑物（大坝）当前或任意时刻温度分布情况
13		温度梯度分析	反映同坝段不同高程、不同坝段之间的温度梯度情况
14	温控成果查询	浇筑过程温控成果	反映一段时间内的出机口温度、入仓温度、浇筑温度的检测成果、符合率等
15		最高温度检测成果	综合反映一段时间内的各个仓的最高温度发生时间、温度值等信息
16		通水冷却成果	综合反映一段时间内的各个仓的冷却水管埋设、通水情况等信息
17		内部埋设仪器分布	反映任意仓的内部埋设的各种温控检测一期的空间分布情况

6）灌浆综合查询。灌浆工程管理的内容多，结构复杂，实现灌浆综合查询，需要使用直观、科学的方式，将灌浆设计、施工、质量、物探等过程结果进行汇总、统计，提供符合水工建筑物水泥灌浆施工技术规范的成果；支持特定部位、区域（如：地质缺陷区）、

岩体类型的灌前、灌中、灌后成果的个性化对比分析。系统实现的成果内容见表9-4，典型界面见图9-12～图9-14。

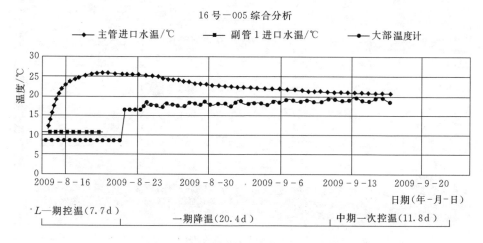

图9-6　单仓混凝土温控过程曲线图

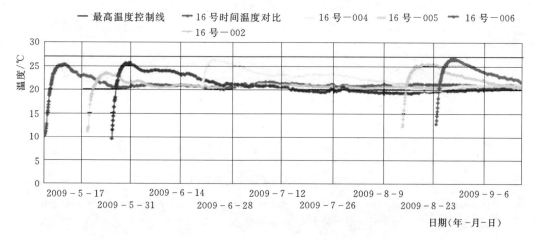

图9-7　混凝土温度过程曲线对比图

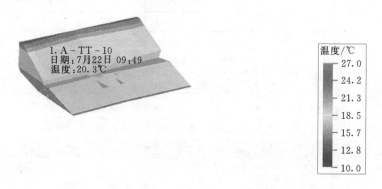

图9-8　基于三维模型的温度分布与梯度分析图

坝段	测温仓次	测量仪器(组)	最高温度(℃)	平均最高温度(℃)	允许最高温度(℃)	测点分析		仓次分析		备注
						符合率	超温(点)	符合率	超温(仓)	
12#坝段	1	1	14.1	14.1	27	100	0	100	0	
13#坝段	3	9	29.7	28.7	27	33.3	6	33.3	2	
14#坝段	2	6	27.4	26.8	27	83.3	1	50.0	1	
15#坝段	1	3	25.6	25.0	27	100	0	100	0	
16#坝段	2	6	26.8	26.4	27	100	0	100	0	
17#坝段	4	12	30.0	29.3	27	41.7	7	0	4	
18#坝段	2	6	27.8	27.3	27	33.3	4	0	2	
19#坝段	3	9	27.2	26.2	27	88.9	1	66.7	1	
右岸D区置换块	3	3	28.8	28.8	27	66.7	1	66.7	1	
左岸A区置换块	4	8	30.9	30.6	27	50.0	4	50.0	2	
左岸C区置换块	3	6	27.5	27.1	27	83.3	1	66.7	1	
右岸D区置换块	1	2	24.3	23.7	27	100	0	100	0	
17#坝段填塘砼	1	1	25.2	25.2	27	100	0	100	0	

图 9-9 温控成果报表图

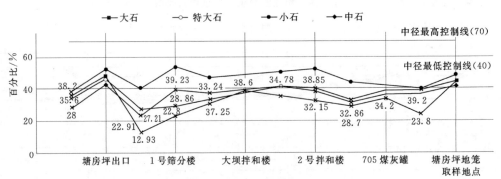

图 9-10 中经筛余变化趋势图

图 9-11 混凝土强度检测成果对比分析图

表 9 - 4　　　　　　　　　　　　**灌浆综合查询系统实现的成果内容**

序号	项目	查询分析内容	说　明
1	灌浆成果查询	成果一览表	实现对灌浆孔、抬动孔、物探孔、检查孔的综合成果信息查询，包括每一段的钻孔、压水、灌浆成果及封孔成果
2		分序统计表综合统计表	分区、分序统计灌浆的进尺、透水率、耗灰量、单位注灰量的分布情况
3		综合纵剖面图	结合孔位平面布置及各段长度、透水率、注入率形成纵剖面图，直观反映灌浆的成果，支持CAD图形的导出
4		透水率、单位注灰量分析	透水率、注入率累计分布频率曲线图，透水率与注灰率回归分析
5		物探检测成果	灌前物探、灌后检查的成果查询，包括声波检测、变模检测、岩芯取样、全孔成像成果的管理；支持各种表格与曲线图的生成与导出
6		接缝灌浆可视化查询	使用三维可视化方式，查询不同高程的接缝灌浆进度、各分区内部温度值与温度梯度、缝面开合度及灌浆成果信息
7	灌浆进度查询	单仓进度查询	分析单仓的灌注进度，支持动态查询灌浆进度与日进尺、注入量的查询分析
8		综合进度查询	分析一段时间内的灌浆工程总体进度情况，支持按日、周、月等模式统计
9		工序日志查询	查询一段时间内的施工工序日志详细信息

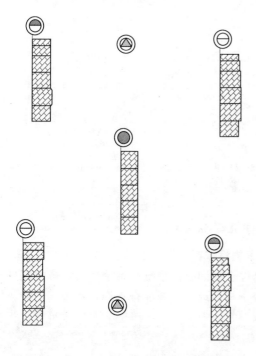

图 9-12（一）　综合纵剖面图

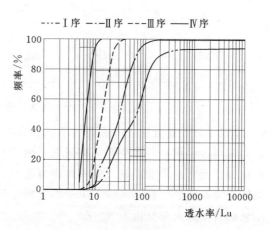

图 9-12（二）　透水率频率分布曲线图

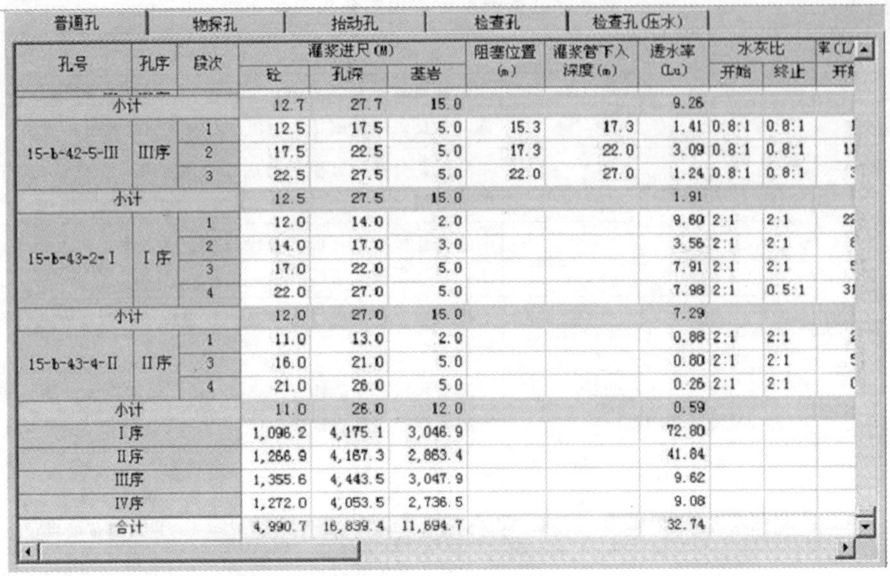

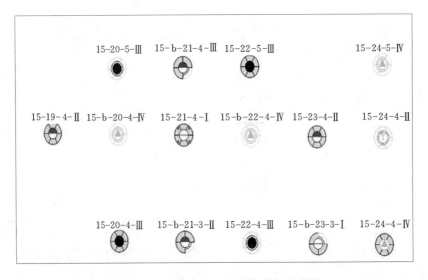

| 普通孔 | 物探孔 | 抬动孔 | 检查孔 | 检查孔(压水) | | |

孔号	孔序	段次	灌浆进尺(M)			阻塞位置(m)	灌浆管下入深度(m)	透水率(Lu)	水灰比		率(L/
			砼	孔深	基岩				开始	终止	开
小计			12.7	27.7	15.0			9.26			
15-b-42-5-Ⅲ	Ⅲ序	1	12.5	17.5	5.0	15.3	17.3	1.41	0.8:1	0.8:1	1
		2	17.5	22.5	5.0	17.3	22.0	3.09	0.8:1	0.8:1	11
		3	22.5	27.5	5.0	22.0	27.0	1.24	0.8:1	0.8:1	
小计			12.5	27.5	15.0			1.91			
15-b-43-2-Ⅰ	Ⅰ序	1	12.0	14.0	2.0			9.60	2:1	2:1	22
		2	14.0	17.0	3.0			3.56	2:1	2:1	8
		3	17.0	22.0	5.0			7.91	2:1	2:1	5
		4	22.0	27.0	5.0			7.98	2:1	0.5:1	31
小计			12.0	27.0	15.0			7.29			
15-b-43-4-Ⅱ	Ⅱ序	1	11.0	13.0	2.0			0.88	2:1	2:1	5
		3	16.0	21.0	5.0			0.80	2:1	2:1	5
		4	21.0	26.0	5.0			0.26	2:1	2:1	0
小计			11.0	26.0	12.0			0.59			
Ⅰ序			1,096.2	4,175.1	3,046.9			72.80			
Ⅱ序			1,266.9	4,167.3	2,863.4			41.84			
Ⅲ序			1,355.6	4,443.5	3,047.9			9.62			
Ⅳ序			1,272.0	4,053.5	2,736.5			9.08			
合计			4,990.7	16,839.4	11,694.7			32.74			

图 9-13　灌浆成果一览表图

图 9-14　灌浆进度的可视化动态展示图

9.3.2.2　对海量数据进行直观展示，为施工决策提供依据

　　本项目不仅是一个数据采集系统，更是一个综合查询分析系统。系统采集的各类现场数据，及时通过科学、直观的模式进行汇总、分析与展现，实现综合查询，将现场记录数据转变为有用的信息，为施工决策提供数据依据。系统形成了以二维图表与三维可视化相结合的数据查询与分析模式。

　　（1）二维图形分析。二维图形分析是对信息进行直观的过程分析、对比分析的有效手段之一。系统实现包括过程曲线、趋势分析、对比分析、占比分析图在内的各种数据分析方法。通过系统展示后，参建各方的各类管理人员、现场工作人员可及时的查询现场发现现场存在的问题。单仓混凝土的温控曲线见图 9-15。

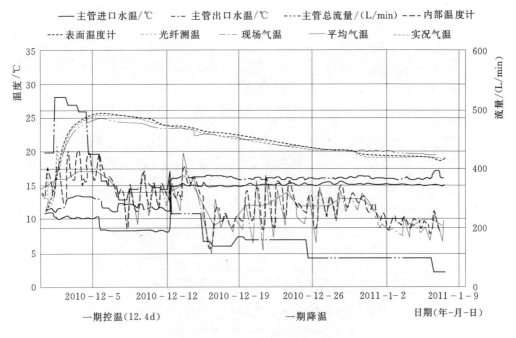

图 9-15　单仓混凝土温控曲线

（2）动态表格与统计查询。基于二维数据表格的查询展现，是进行数据分析查询的重要手段。系统采用 FlexGrid 控件进行数据的查询展现，并实现了动态分组、自定义分组级别、展现层次控制等功能。同时，系统实现对数据的自定义统计计算功能。通过应用该技术，用户可以对同一批次的数据，进行不同维度、不同层次的统计分析，包括：求平均值、极值、计数、（均）方差等统计运算。

系统同时支持通用的任意层次数据导出 Excel，表格打印等功能，实现了灵活的分析统计模式，满足各种应用需求。所有浇筑仓的间歇期二维查询见图 9-16。

（3）三维可视化查询。应用三维 GIS 技术，建立建筑物（大坝）的三维可视化模型，形成三维工程数据库，实现形体动态组合、方量计算、信息点空间动态布局等功能，并可在此基础上实现设计、施工、进度、质量的综合管理与查询见图 9-17。

借助管理系统，解决了繁杂的数据采集、统计和分析工作；同时，使得现场生产数据及时、准确、完整、真实的反馈到管理层，使各级管理层迅速、准确地掌握到第一手数据资料，及时了解现场生产情况，为有效指导管理施工奠定基础。借助管理系统，有效地规范了项目管理的业务流程，提高管理效率，并为决策层提供准确、及时的数据和辅助分析。溪洛渡大坝施工管理信息系统的应用，大大减轻了施工单位和监理单位的日常工作压力，为其管理带来了便利，赢得系统基层使用单位的广泛好评。通过一年的多应用，系统在溪洛渡大坝施工管理过程中充分发挥了作用，有效地服务于各级管理层，应用非常成功。

9.3.2.3　通过数据分析，实现各种预警功能

通过实现分析预警与综合查询功能，来实现对大坝混凝土施工的全过程控制。系统可

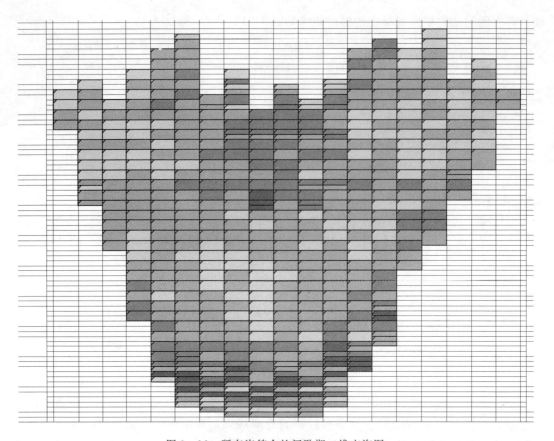

图 9 - 16　所有浇筑仓的间歇期二维查询图

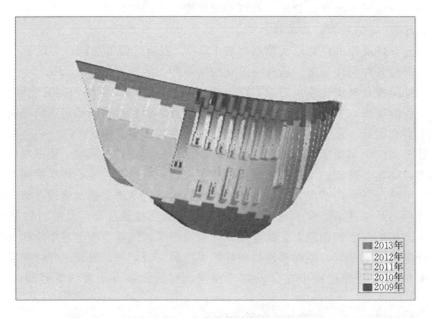

图 9 - 17　三维浇筑计划展示图

根据不同单位，不同岗位的管理需要，满足不同用户在权限范围内定制各类提示、预警与报警项目，实现不同单位的录入、统计需要。

为了实现有效的现场施工过程、施工质量管理，溪洛渡大坝施工管理信息系统在对现场数据的有效、及时采集的基础上，通过制定各类标准与阀值，以及根据拟合参数预测变化趋势，来实现分析预警、报警与综合查询。

同时，在登录系统时或者在使用系统过程中，系统中的待办任务处理提醒、预报警提醒和温控阶段转换申请处理提醒等会给当前用户发出消息提醒，提醒用户及时办理或注意。

系统中及时搜集现场各类数据，通过对比现场数据与设计要求，实现各项预警功能，提高现场管理水平。目前已实现的预警功能有：系统基础温差预警、混凝土上下层温差预警、混凝土内外温差预警、混凝土内部允许最高温度预警、冷却通水阶段目标温度限制预警、间歇期限制预警、坝体最大高差预警、特殊天气预警、单元浇筑温度预警、实际温度与理论温度温差预警、相邻坝段高差预警、坝段悬臂高度预警、灌浆参数预报警、横缝面开合度预警。大坝进度形象展现见图 9-18。

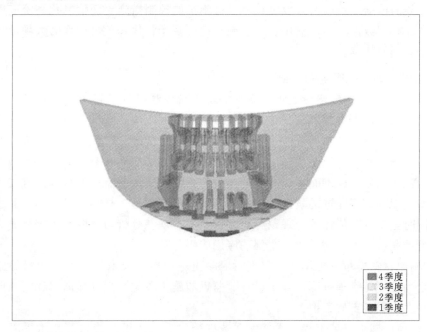

图 9-18 大坝进度形象展现

9.3.2.4 仿真紧密结合施工，实现科研指导施工

以往科研单位开展科研工作时，往往需要派专人前往工地收集资料，由于现场资料大都缺乏统一的协调管理，资料的收集难度很大，而且往往存在资料缺失等现象，收集起来的资料也缺乏系统的归纳与整理，这使得传统的科研工作难以在第一时间展开，获取的科研成果也往往由于收集的数据资料在时间上存在滞后等原因，失去了即时指导现场施工的目的。溪洛渡监测系统平台的搭建解决了传统科研工作中存在难题与不足，大坝施工期的全部第一手资料均可以在第一时间从系统中获取，针对工程中存在的问题，科研单位也可

以及时展开跟踪反演分析，对各种可能的开裂风险进行预测，研究成果也能够及时用于指导现场施工。

9.3.2.5 为大坝安全鉴定提供基础条件

水库大坝包括永久性挡水建筑物，以及与其配合运用的泄洪、输水和过船等建筑物，事关重大，危险性高，在日常运行管理上必须保证其安全。水库大坝分三个安全等级，鉴定的安全评价包括工程质量评价、大坝运行管理评价、防洪标准复核、大坝结构安全、稳定评价、渗流安全评价、抗震安全复核、金属结构安全评价和大坝安全综合评价等几个方面。溪洛渡水电站大坝工程，在建设过程中采用信息化手段对全过程进行管理，为溪洛渡大坝混凝土浇筑质量控制提供了新的手段，提高了现场混凝土施工质量和温控水平；同时，搜集到大量的一线生产数据，如浇筑数据、温控数据、质量数据、安全监测数据等，为大坝安全鉴定提供了大量的一手数据和鉴定基础。

9.3.2.6 为大坝安全运行提供材料

信息化系统的建设和应用，不仅为施工期的生产和管理提供有力帮助，更为安全鉴定提供了基础资料；大坝运行管理安全评价作为大坝安全鉴定的内容之一，也是大坝安全综合评价及分类的依据之一，可有效复核原设计施工的控制措施。而信息化系统应用搜集到大量的生产和管理数据，不仅应用于大坝施工期的生产管理，还可以作为大坝运行期对大坝运行安全管理的依据。

9.3.3 "数字大坝"的应用和效果

（1）"数字大坝"为溪洛渡大坝混凝土浇筑质量控制提供了新的手段，提高了现场混凝土施工质量和温控水平。混凝土施工过程数据和混凝土温控数据是巨大的，这就造成了采用传统的手段所搜集的数据分散、滞后、不全面，致使施工过程工艺数据难以保持完整性、准确性、实时性和一致性，施工过程的重要数据不能回溯和有效分析，无法有效控制和管理施工工艺过程，也不能形成有效的知识积累，支持工艺流程的持续改进与优化。溪洛渡"数字大坝"采用先进的技术手段，实现了对混凝土施工与温控过程的全面管理与实施监控；同时，结合数值计算与理论分析方法，实现动态分析与反馈，为溪洛渡大坝混凝土过程质量控制提供了新的手段。主要的应用成果包括：

1）应用原材料质量管理模块，实现对混凝土综合性能及水泥、砂石骨料等原材料性能监测的全面管理，管理范围覆盖了设计、监理与施工单位，提供横向对比与纵向趋势分析，从源头上为混凝土质量把关。

2）系统应用施工工艺流程仿真、无线数据采集、工业组态接口等技术手段，从大坝首仓混凝土浇筑过程开始，实现了对混凝土浇筑计划、仓面设计、备仓过程、混凝土生产过程、混凝土运输过程、仓面浇筑过程、养护过程的全面进度与质量监控。

3）系统利用数字测温、光纤测温等先进的技术手段，实现从原材料准备、浇筑阶段、到养护温控阶段的全面的温度标准管理、温控措施及状态采集及温控成果分析功能，实现了大坝的精细化与个性化温控。

系统通过上述手段，实现了对混凝土施工过程进行严密监控和管理，并及时进行跟踪分析处理。同时，根据现场的施工数据和温控数据对混凝土应力状态和开裂风险进行分析和评估，并提出合适的处理措施，为保证现场混凝土施工质量提供了保障。

（2）开创了"4＋1＋3"的管理新模式，实现了"产、学、研"相结合，科研成果及时转换为生产力。科研单位的理论分析与计算服务，是保证大坝混凝土质量的重要手段。但传统的科研服务模式，由于信息收集滞后，不能及时反映现场的实际情况，科研成果也不能充分共享并服务于现场的施工生产，不能直接转换为生产力。溪洛渡"数字大坝"，搭建综合性技术平台，将科研单位与工程参建单位进行紧密集成，形成了以建设部、成都勘测设计院、二滩国际、水电八局为核心的4家参建单位，以武汉英思工程为代表的平台设计单位，清华大学、水科院、三峡大学为代表的3家科研单位，建立了"4＋1＋3"的合作模型，实现了产学研的有效结合。

在"4＋1＋3"的合作模式下，工程建设过程的管理与控制全部在"数字大坝"平台下进行，科研单位可以直接从"数字大坝"平台中提取与分析计算相关的包括原材料热力学参数、现场环境参数、施工工艺参数及进度参数等信息，为理论分析及时提供准确、完整、实时的数据；而科研单位的分析计算的结果与成果可以直接通过系统进行发布，相关单位均可以利用三维可视化等工具实现后处理展现与动态分析，辅助工程决策。

（3）搜集到大量的一线数据，为科研、类似工程的施工和枢纽安全运行提供了大量一手数据。以往在类似的工程中，也建设过类似的"数字大坝"，均是从某些侧面对工程进行数字化管理与监控，数据比较零散、片面。溪洛渡的"数字大坝"平台，覆盖范围广、覆盖流程全面，涵盖了大坝施工计划、混凝土浇筑过程、混凝土温控过程、固结灌浆过程、帷幕灌浆过程、接缝灌浆过程、安全监测过程、工程地质分析等大坝施工的核心业务。数据采集周期长、覆盖全面、信息真实，不但为溪洛渡工程的过程质量控制提供了有效的数据支撑，为今后的科研及类似工程的施工与枢纽安全运行提供了大量的一手数据，还为水电工程的建设过程管理留下一笔宝贵的财富。

10 工 程 实 例

10.1 三峡水利枢纽工程三期右岸厂房坝段混凝土工程施工规划

三峡水利枢纽工程是治理和开发长江的关键性骨干工程，具有防洪、发电、航运等巨大综合性效益。拦河大坝为混凝土重力坝，最大坝高 183.00m，泄洪坝段居河床中部，两侧为厂房坝段和非溢流坝段。

10.1.1 概述

三期右岸厂房坝段由右安Ⅲ～右厂 26 号坝段和右非 1～7 号坝段组成，顺坝轴线方向总长 419.2m。主要布置有 6 个机组进水口，6 条直径 12.4m 的引水压力钢管，3 个排沙孔口（右安Ⅲ坝段排沙孔进口底高程 75.00m，进口尺寸 5m×15.25m、右厂 26～2 号坝段排沙孔进口底高程 90.00m，进口尺寸 5m×15.25m），3 条直径 5.0m 的排沙钢管，1 个无压排漂孔（进口底高程 133.00m 孔口尺寸 7m×12m）。

三峡水利枢纽工程三期右岸厂房坝段平面布置见图 10-1。

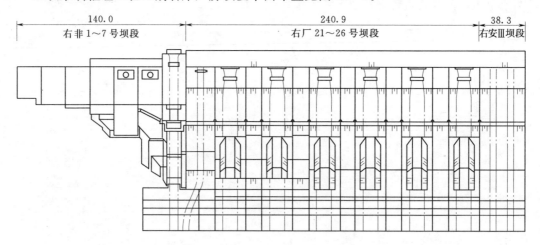

140.0	240.9	38.3
右非 1～7 号坝段	右厂 21～26 号坝段	右安Ⅲ坝段

图 10-1 三峡水利枢纽工程三期右岸厂房坝段
平面布置图（单位：m）

三峡水利枢纽工程三期右岸厂房坝段，工程于 2002 年 7 月开工，2007 年 12 月完工，总工期 5 年 6 个月。主要工程量：混凝土浇筑 204.51 万 m³，金属结构、机电设备及埋件安装 2.17 万 t，钢筋制作与安装 2.9 万 t。

10.1.2 施工布置

10.1.2.1 交通布置

（1）对外交通。公路和长江航运可直达三峡水利枢纽工程坝区，铁路可直达宜昌。

1）公路：三峡水利枢纽工程对外专用公路为准一级公路，从坝区至宜昌市区全长29km，并与宜黄高速公路相接。沿线建筑限界为8.5m×5.0m（宽×高），桥涵荷载标准为汽—36，挂—200。

2）铁路：经过国家铁路网运输的货物，可在宜昌花艳车站中转，转运站起重机起吊能力为36t。

3）长江航运：三峡水利枢纽坝区至宜昌水运里程40km，可通行1000～1500t级的驳船。坝区左岸重件码头桥机的最大起吊能力为2×300t级，吊钩能作360°旋转。坝区右岸的杨家湾港口，为长250m的栈桥式码头，可装卸20英尺的集装箱，码头起重机起吊能力为40t。

4）航空：三峡机场至三峡水利枢纽工程施工区公路约60km，可起降B737机型。

（2）场内交通。三峡水利枢纽工程坝区陆路交通网络和水路港区已形成，右岸建有杨家湾码头，左岸建有重件码头。

坝区已建的主要干道有江峡大道、西陵大道、右岸上坝公路、120一号路、120二号路等道路和西陵长江大桥可供使用，连通对外交通专用公路。

西陵长江大桥行车道宽为14m，行车标准为长期荷载：汽—超20，挂—120；短期荷载：特种车辆按轻重两车道，重车荷载54t，大件过桥按单车道（全桥限一车正中行驶），平板车组总重290t，牵引车52t。场内主要施工道路特性见表10-1。

表10-1　　　　　　　　　　　　　　　场内主要施工道路特性

序号	名称	长度/km	宽度/m		路面型式	荷载标准	备注
			路基	路面			
1	西陵大道	6.41	24	14.3	混凝土	汽—54	
2	西陵大道延长段	0.31	24	14.3	混凝土	汽—54	
3	右岸上坝公路	1.5	15	12	混凝土	汽—54	
4	120一号路	0.6	13.5	9	碎石	汽—20	
5	120二号路	0.55	13.5	9	混凝土	汽—36	
6	三让路	1.89	12	11	碎石	汽—36	
7	让茅路						临时道路
8	坝让路						临时道路
9	西陵长江大桥	汽—超20，挂—120，单车道行驶最大可过平板车组290t，牵引车52t					
10	杨家湾码头	最大起重量为40t					
11	左岸重件码头	起重量为2×30t					
12	右坝头至高程140.00m平台连通桥						

（3）主要施工道路布置。

1）施工道路布置。三峡水利枢纽工程施工道路除根据施工建筑物体型顺势建造：利用坝后式厂房下游护坦及进厂道路至大坝下游作业面，在坝前利用 RCC 围堰下游坡脚修筑下基坑道路进入坝前施工作业面，坝顶可利用坝顶两侧公路向坝体内部逐步延伸。除以上道路外，在高程 82.00m 和高程 120.00m 修筑钢栈桥，分别作为高架门机运行交通轨道和运输道路。钢栈桥施工参数如下：

高程 82.00m 栈桥布置在右安Ⅱ～右安Ⅲ坝段的厂坝之间，距坝轴线 93.2m，为门机专用栈桥，栈桥上行走 MQ6000 型专用门机，门机轨距 12.0m。栈桥门机轨道顶面高程为 87.50m，栈桥面按不通车设计，栈桥箱梁跨度为 10.3m 和 28.0m 两种。

高程 120.00m 栈桥位于坝轴线下游 60.5m 处，从右非 2 号坝段通向右安Ⅲ坝段，总长约 278m（不含引桥）。栈桥上分期布置 1 台吉林 MQ2000 型门机、1 台 SDMQ1260 型门机，起重机轨距 13.5m，栈桥上行驶运输车辆和载重 120t 的平板拖车，施工期间作为高架门机运行轨道及部分混凝土和金属结构的运输通道。

栈桥桥面高程 122.50m，栈桥跨度为 23.5m、21.2m、17.1m 三种，下部结构为钢排架柱。

在高程 120.00m 钢栈桥与高程 120.00m 平台间设置引道，引道布置于右非 2～4 号坝段坝后，引道末端与工程 120 一号路按 3.3% 的坡度连接。

2）坝体施工交通。坝体施工交通采用垂直上坝钢梯、坝面爬梯、人行便桥、交通马道及简易爬梯等形式，要确保坝体施工交通便利、安全可靠。

10.1.2.2 风、水、电及排水布置

（1）供水系统布置。混凝土工程施工用水主要由混凝土拌制用水、浇筑用水、初期冷却水用水和中后期冷却水用水四部分组成。经计算统计，混凝土拌制用水 80～110m³/h，混凝土养护用水量 40～50m³/h，初期冷却用水量 70～90m³/h，中后期冷却用水量 800～900m³/h，其他用水量 20～30m³/h，其高峰时段用水量约为 1000～1200m³/h。按使用要求分时段由已形成的取水点接管布设。附属施工企业内的供水在各施工场地就近接管使用。

根据坝体在高程 120.00m 及高程 184.00m 两个引水点处不同的施工工期段接引，高程 140.00m 以下部位混凝土由高程 120.00m 节水点接 DN450 的取水接口再分岔至各作业面，高程 140.00m 以上部位混凝土由高程 184.00m 处节水点接 DN329 管下引至作业面。冷水系统供水管根据坝块混凝土浇筑上升进度情况通过基础廊道和坝后交通廊道出口在相互贯通的廊道内向各用水点铺设，并在支管上设置出水水包。

（2）用电规划。

1）用电负荷计算。主要用电设备由塔（顶）机、混凝土供料线、高架门机等。此外，还有仓号混凝土浇筑、基础渗控处理、施工照明及基坑排水等用电负荷。经统计设备铭牌总功率合计约 10MW。

2）变电所布置。在右非 3 号坝段高程 160.00m 平台处设 1 号变电所，另外施工前期在右厂 25 号-2 坝段下游高程 90.00m 平台设 2 号变电所。变压器尽量在接近负荷中心且施工干扰又较少的地方设置；根据环境条件，适当配置防护设施。

3）线路走向。根据用电设备需要，从浸水湾变电所（浸水湾变电所2个6kV出线间隔）用电缆引出3回线，上至高程120.00m二号路与上坝公路交会处，沿高程150.00m拌和系统侧电缆沟敷设至高程120.00m平台接入右非3号变电所。

（3）用风规划。混凝土仓号施工用风采用6～27m³/min的移动式空压机供风。

（4）排水设置。施工排水主要包括仓号清理、混凝土养护、灌浆、坝体冷却排水等施工弃水及自然降水等排除。其主要有如下特点：工作面狭窄，排水量大，排水系统布设困难。排水系统遵循"高水高排"的原则，分阶段分部位布置截水墙汇水后统一抽排水措施，满足高峰时段最大排水量要求，确保不影响施工。

（5）施工通信与照明。

1）施工通信。从右岸上坝公路路口及右岸高程185.00m平台提供的端口处分别经保安线架用电缆引出，在电话机使用较多的部位设分线箱，然后接至用户。辅企工厂配置固定电话机，现场调度和应急通信由对讲机完成。

2）施工照明。前方施工照明以集中布置、集中控制为主；对有特殊要求的场所，则分别设置能满足要求的照明，辅企厂区照明将视其功能而酌情设置。

照明选用高效、节能长寿的优质成套灯具，三峡水利枢纽工程夜间照明主要有镝灯和碘钨灯来完成。

特殊场所的灯具应严格按规范要求进行选用。照明线路的敷设将在安全、经济的前提下兼顾美观，并严格按相关规范施工。

10.1.2.3 生产辅助设施

综合加工厂包括钢筋加工厂、模板拼装修理厂和混凝土预制构件厂。

（1）钢筋加工厂。钢筋加工厂位于西陵大道与高家溪交汇处，占地面积1.67万m²。

1）生产任务及规模。钢筋加工厂主要承担主体工程、辅助工程、临时工程及预埋件的钢筋加工任务。钢筋加工总量2.9万t，高峰月钢筋加工量约为1200t/月。

2）厂内布置。厂内布置有钢筋加工车间、原材料堆放场及钢筋对焊、点焊车间、成品料堆放场、15t龙门吊、C4010塔机、办公室、库房等，其主要特性见表10-2。

表10-2　　　　　　　　　　　钢筋加工厂主要特性表

序号	项目	结构尺寸	单位	面积/数量	结构型式	备注
1	钢筋加工车间	30m×12m+12m×6.3m	m²	435.6	钢屋架棚、10cm厚C10混凝土地坪	
2	钢筋对焊、点焊车间	6m×4.5m	m²	27	钢屋架棚、10cm厚C10混凝土地坪	
3	办公室、库房	5m×3.3m×6m	m²	99	砖混	
4	原材料堆放场		m²	2144	10cm厚碎石地坪	
5	成品料堆放场		m²	3200	10cm厚碎石地坪	
6	短头堆场		m²	72	10cm厚碎石地坪	
7	龙门吊轨道		m	125	混凝土条形基础	
8	塔机轨道		m	30	混凝土条形基础	
9	道路	宽6m	m	220	15cm厚碎石路面	
10	厕所	4m×9m	m²	36	砖混结构	
11	值班室	3.3m×6m	m²	19.8	砖混	

（2）模板拼装修理厂。模板拼装修理厂布置于西陵大道与高家溪交汇处，占地面积1.57万 m²。

1）生产任务及规模。模板拼装修理厂主要承担主体工程、辅助工程、临时工程的各类模板加工、拼装、修理及房屋建筑构件和其他加工任务。

2）厂内布置。模板拼装修理厂主要有原材堆场、机木车间、成品堆场及模板拼装场、机加工间、小型构件加工棚、办公室、库房等，其主要特性见表10-3。

表 10-3　　　　　　　　　　　模板拼装修理厂主要特性表

序号	名称	结构尺寸 /(m×m)	面积 /m²	结构型式	备注
1	原材堆场		100	10cm 厚碎石地坪	
2	机木车间	6×9	54	钢屋架棚、10cm 厚 C10 混凝土地坪	
3	成品堆场		240	10cm 厚碎石地坪	
4	模板放样制作平台	12×20	240	15cm 厚 C15 混凝土地坪	
5	办公室、库房	3.3×6	99	砖混结构	5 间
6	模板堆放场		511	10cm 厚碎石地坪	
7	待修模板堆放场		866	10cm 厚碎石地坪	
8	模板拼装场		945	10cm 厚碎石地坪	
9	机加工间	8×9	72	砖混	
10	小型构件加工棚	6×9	54	钢屋架棚、10cm 厚 C10 混凝土地坪	
11	厕所	4×4	16	砖混	

（3）混凝土预制构件厂。混凝土预制构件厂布置于右岸高家溪出口上游侧场地，占地面积1.6万 m²。

1）生产任务及规模。混凝土预制构件厂主要承担门机轨道梁、挂线点梁、公路桥梁、高程120m 栈桥混凝土预制梁、廊道顶拱混凝土预制模板、其他小型预制构件及预制件所需钢筋加工等任务。

2）厂内布置。混凝土预制构件厂场内布置有预制场地、成品料堆场、钢筋加工间、钢筋堆放场、钢筋绑扎场、模板修理间、办公室、值班室、库房等，布置1台40t 龙门式起重机，其特性见表10-4。

表 10-4　　　　　　　　　　　混凝土预制构件厂特性表

序号	名称	结构尺寸 /(m×m)	面积 /m²	结构型式	备注
1	值班室	3×5	30	砖混	2 间
2	办公室、试验室	3.3×6	198	砖混	10 间
3	模板修理间	9×12	108	钢屋架棚、10cm 厚 C10 混凝土地坪	
4	厕所	4×9	36	砖混	

序号	名　　称	结构尺寸/(m×m)	面积/m²	结构型式	备注
5	成品料堆场		600	10cm 厚碎石地坪	
6	预制场地		7000	15cm 厚 C15 混凝土地坪	
7	龙门吊轨道			混凝土条形基础	136m
8	模板堆场		1020	10cm 厚碎石地坪	
9	钢筋加工间	12×9	108	钢屋架棚、10cm 厚 C10 混凝土地坪	
10	钢筋堆放场		500	10cm 厚碎石地坪	
11	钢筋绑扎场		600	10cm 厚碎石地坪	
12	骨料堆		540	浆砌石隔墙	
13	砖砌花墙			1.8m 高砖砌花墙	920m
14	排水沟			砖混	1150m

（4）物资及设备仓库。

1）物资仓库。物资仓库位于右岸上坝公路高程 126m 处，占地面积 9800m²。物资仓库主要存储施工中所需的五金、电气、化工产品以及各种工具、配件、设备、劳保用品等，以保证施工的正常进行。根据工程需要，设立配件库、化工库、小型材料库、办公室等，其主要特性见表 10-5。

表 10-5　　　　　　　　　综合仓库主要特性表

序号	名称	结构尺寸/(m×m)	面积/m²	结构形式	备注
1	门卫房	3.3×6	19.8	砖混	
2	配件库	3.3×6	39.6	砖混	2 间
3	化工库	3.3×6	39.6	砖混	2 间
4	小型材料库	3.3×6	39.6	砖混	2 间
5	办公室	3.3×6	39.6	砖混	2 间
6	露天材料堆放场		1600	10cm 厚碎石地坪	
7	库棚		450	钢屋架棚、10cm 厚 C10 混凝土地坪	

2）机电设备仓库。机电设备库位于西陵大道与高家溪交汇处，计划占地面积 2.7 万 m²，其特性见表 10-6。

表 10-6　　　　　　　机电设备仓库构筑物主要特性表

序号	名称	结构尺寸/(m×m)	面积/m²	结构形式	备注
1	机电设备库	24×12	288	钢屋架棚、10cm 厚碎石地坪	
2	厕所	4×6	36	砖混	

3）二期埋件及机电埋件存放场。二期埋件及机电埋件存放场位于西陵大道与高家溪

交汇处，计划占地 0.88 万 m²。

（5）冷水厂。冷水厂位于右非坝段上游高程 140.00m 平台，占地面积 500m²，建筑面积 305m²。

1）基本任务及规模。冷水厂主要为大坝提供初期冷却用水，生产能力为 70～90m³/h，其主要指标见表 10-7。

表 10-7 冷水厂规模主要指标表

序号	名　称	单位	数量	备注
1	生产能力	m³/h	70～90	
2	占地面积	m²	500	
3	建筑面积	m²	450	
4	设备总台套	台套	8	
5	设备总容量	kW	197.5	
6	生产人员	人	9	三班制

2）厂内布置。厂内布置有制冷车间、值班室、厕所、排水沟等，冷水厂构筑物面积统计见表 10-8。

表 10-8 冷水厂构筑物面积统计表

序号	名称	结构尺寸 /(m×m)	建筑面积 /m²	结构形式	备注
1	值班室	3.3×6	19.8	砖混	
2	厕所	3×5	15	砖混	
3	制冷车间	22.5×18	405	钢结构、砖砌侧墙	
4	排水沟		80m	砖砌	

10.1.2.4 砂石骨料加工系统

（1）料源规划。

1）三期工程混凝土全部采用下岸溪料场的人工砂石料。

2）三期工程砂石料需要量见表 10-9。

表 10-9 三期工程砂石料需用量

项目	三期工程/万 m³	备　注
混凝土总量	555	
砂石骨料总量	907	经勘查，试验研究和分析比较，最终选定了天然砂砾料场和人工砂石料场
其中：砂	277.5	
粗骨料	629.5	

3）主骨料场规划。主料场为下岸溪人工砂石料场，位于长江左岸下岸溪鸡公岭，距坝址 12km。料场岩石为斑状花岗岩，其物理力学指标见表 10-10；下岸溪料场勘探储量见表 10-11。三峡水利枢纽工程二期、三期工程需由下岸溪料场加工人工砂 1171 万 m³，三期工程需人工碎石 590 万 m³。

表 10-10 　　　　　　　　　　　　　　**斑状花岗岩岩石物理力学指标**

岩石名称	风化分部	相比密度 /(g/cm²)	容重/(g/cm²)		抗压强度/MPa		吸水率
			干	饱和面干	干	湿	
斑状花岗岩	弱风化带上部	2.69			88.3	60.1	
	弱风化带下部	2.69	26.5	26.4	115.6	85.4	0.83
	微新岩石	2.69	26.8	26.75	175.1	138.4	0.3
辉绿岩脉		2.84	26.6	27.7	143	118	0.24

表 10-11 　　　　　　　　　　　　　　　**下岸溪采场勘探储量**

分层	岩石名称		高程 280.00m 以上			高程 300.00m 以上		
			面积 /万 m²	平均厚度 /m	储量 /万 m³	面积 /万 m²	平均厚度 /m	储量 /万 m³
剥离层	斑状花岗岩岩石	砂岩	1.3	7.0	9.1	1.3	7.0	9.1
		第四系岩及根系岩	27.3	3.0	81.9	26.2	3.0	78.6
		小计			91.0			87.6
可利用层		全强风化带	25	17.1	224.9	23.6	17.1	209.0
		弱风化带上部	28.6	6.6	216.6	27.5	6.6	205.0
		弱风化带下部	28.6	8.8	240.4	27.5	8.8	224.5
		微新岩石	28.6	130.0	2657.7	27.5	110.0	2290.2
		小计			3339.6			2928.7

根据主体混凝土高峰期强度及料场开采、生产强度，下岸溪料场的储量完全可以满足三峡水利枢纽工程三期工程混凝土对人工砂石骨料的需求。

下岸溪料场岩石的成砂性能好，产砂率达 80%～85%，砂颗粒比较方正，细度模数及游离云母含量符合要求。以下岸溪（新鲜花岗岩、强风化花岗岩、全风化花岗岩）的人工砂为细骨料，用基坑开挖料轧制的人工碎石为粗骨料，进行混凝土性能试验表明其力学、热学性能和冻融耐久性都可满足要求。

（2）下岸溪人工砂石骨料加工系统。下岸溪人工砂石骨料加工系统是三峡水利枢纽工程二期、三期混凝土所需人工砂、人工碎石的生产基地。三期工程需生产人工砂 261 万 m³，人工碎石 590 万 m³。该系统生产人工砂石骨料所需石料来自下岸溪毛料采场。料场岩性为斑状花岗岩，岩石的湿抗压强度为 138.3MPa，有用层中云母含量的平均值 3.93%，有用层平均厚度 125m，有用层储量 2720 万 m³。

下岸溪人工砂石骨料加工系统由采石场和人工砂石料加工系统组成，系统设计生产能力为：人工砂石料 1400t/h（其中人工砂 782t/h）。该系统建安工程分两期建设，一期工程于 1995 年 4 月 1 日正式开工，1996 年 6 月 14 日投产，一期工程为人工砂生产线。二期工程为增容工程，为三峡水利枢纽工程二期工程增加生产 826 万 m³ 碎石的能力，亦即将规划中的三峡水利枢纽工程三期工程生产人工碎石的生产线提前投入。增容工程于 1998 年 5 月开工，1998 年 10 月 1 日投产供料，1999 年 6 月 1 日完工。

1）采石场。下岸溪采石场位于下岸溪东侧的鸡公岭，料场顶部高程 480.00～576.00m，料场南北长约 699m，东西宽约 504m；料场设计终采高程 292.00m，设计开采总量 2413.8 万 m³，其中，毛料开采 1988.3 万 m³。

2）人工砂石料加工系统。人工砂石料加工系统按照满足三峡水利枢纽工程混凝土高峰月浇筑强度 55.59 万 m³ 设计，人工砂生产能力为 782t/h（三班制 20h），碎石生产能力 1400t/h。

加工系统由粗碎、预筛分、中碎、筛分冲洗、制砂、脱水及半成品堆场，成品堆场组成。

下岸溪人工砂石骨料加工系统主要技术指标和主要设备配置见表 10 - 12、表 10 - 13。

表 10 - 12　　　　　　　　下岸溪人工砂石生产系统主要技术指标表

序号	项目		单位	设计指标
1	混凝土设计强度		万 m³/月	55.59
2	成品设计生产能力		t/h	1400（782）
3	设计处理量	粗碎	t/h	2400（1100）
		预筛分	t/h	2400（1100）
		中碎	t/h	1180（795）
		筛分	t/h	2700（1870）
		超细碎	t/h	1020（770）
		超细碎检查筛分	t/h	1530（1440）
		棒磨机	t/h	200（200）
4	堆场容积	半成品堆场	万 m³	6.4
		中碎分料仓	m³	113.4
		筛分分料仓	万 m³	4.4
		细碎分料仓	m³	700
		制砂原料仓	万 m³	2.3
		成品碎石堆场	万 m³	14.1
		成品砂堆场	万 m³	11.26
5	耗水量		t/h	2400
6	安装功率		万 kW	1.6
7	总占地面积		万 m²	155.82
8	劳动定员		人	1000

注　括号内为人工砂指标。

表 10 - 13　　　　　　　　　下岸溪人工砂石加工系统设备配置表

车　间	设　备	台　数	单台生产能力/(t/h)
粗碎	PX900/50	2	600
	50/65MK - Ⅱ	2	1200～1700
二破	HP500ST - C	3	580
预筛分	2YAH2148	6	1200
三破	HP500ST - F	3	580
	PYT - Z2227	2	200～580
筛分	2YKR2460	10	250～800
超细碎	B9000	5	100～150
棒磨机	MBZ2136	6	40～50

10.1.2.5　混凝土生产系统

（1）混凝土生产系统规划。

1）总体规划。混凝土生产系统设计主要依据混凝土工程量，高峰期年、月混凝土施工强度，采用的施工机械设备和施工方案，运输方式和场地条件等综合进行设备选型布置。其建设规模必须确保混凝土生产系统的生产能力满足混凝土施工进度要求并留有一定余地，高峰强度不超过设备能力的70%或系统生产能力的1.3～1.5的扩大系数，以充分发挥混凝土浇筑设备的能力，做到规模合适、系统设备选型正确、布置合理、运行经济。

根据三峡水利枢纽工程的设计，混凝土总量为2708万 m^3。工程分三期进行，一期工程混凝土总量为452万 m^3，二期工程混凝土总量为1701万 m^3，三期工程混凝土总量为555万 m^3。混凝土生产工程量大，需多个拌和系统完成。由于混凝土运输方式的改进，部分混凝土采用供料线皮带运输，考虑拌和系统供应能力问题，采用了"一机一带一楼"的办法来确保混凝土工程进度顺利完成。

2）搅拌楼的主要技术参数。搅拌楼（以郑州厂 $4 \times 4.5 m^3$ 楼为例）由主楼和副楼组成，总重685t，电力负荷880kW，高近40m，外观呈四方形，主楼主柱间隔为11m×10m，副楼主柱间隔为11m×3m。整楼分进料层、料仓、配料层、搅拌层和出料层。搅拌楼设有四个骨料仓、两个砂仓和三个粉料仓，骨料仓容积180 m^3，砂仓容积100 m^3，粉料罐容积100 m^3，骨料进料皮带宽1.2m，砂皮带0.8m，速度2m/s，粉料采用风送。骨料仓冷风机8台，小冰仓1个，称量螺旋机5台，除尘风机2台，重量秤12台，搅拌机4台，单机容量4.5 m^3，两个出混凝土口，生产率为常规混凝土、碾压混凝土每小时360 m^3，温控混凝土每小时270 m^3，三峡水利枢纽工程150.00m拌和楼见图10-2。为达到三峡水利枢纽工程的使用要求，与以前生产的搅拌楼相比新增加了以下新技术和配置：

A. 采用大口径螺旋输送机作为水泥和粉煤灰配料器。因为搅拌楼生产低温混凝土时楼内易产生冷凝水，所以粉料仓必须放在楼的外侧，粉料配料量大，螺旋机口径要粗，输送距离远，配料控制难度大。

B. 满足生产7℃和14℃混凝土的要求。生产低温混凝土必须先对骨料进行强制冷却，

图 10-2　三峡水利枢纽工程拌和楼（高程 150.00m）

生产时再加冰和加冷水以达到降低混凝土温度的目的。骨料冷却一般采用地面一次风冷和楼上二次风冷的方法。因此，一个混凝土生产系统要配一座大型制冷楼，采用液氨作为制冷液。为使骨料冷却效果好，应对料仓和冷风机作特殊设计并做保温处理。

C. 搅拌楼采用多个大容量搅拌机。以实现高生产率要求，同时，采用双出料口双车道方式，可以实现各搅拌机在同一时刻生产不同配合比的混凝土，以满足工程需要。

D. 搅拌楼配有各种必要的、先进的检测仪器仪表：包括砂含水率测量仪、料位器等。

砂含水率测量仪有传感器和显示仪表两部分，静态精度为 ±0.1%，动态精度为 ±0.25%，该仪器从国外进口，砂含水率测量为微波式，是当前国际上最先进的砂含水率测量仪，它与控制生产的微机联网，可实现自动加砂减水处理，以保证生产的混凝土质量。

所有骨料仓（4 个）粉料仓（3 个）均配有进口料位器，骨料仓采用超声波料位器，粉料仓采用电容连续式料位器，它们是实现上料自动化的依据，经微机处理，操作员可以在 CRT 看到各料仓的变化图形。

配有多个工业电视，对进料、配料、搅拌、出混凝土的生产过程进行监视，4×3m³楼配有 4 台工业电视，4×4.5m³楼配有 7 台工业电视。

温度测量和显示器。所有骨料仓的进出口的风道和混凝土集料斗均设有温度测量传感器，操作台上的温度巡测仪能自动检测各测点温度变化。

混凝土坍落度的监视和显示及其他控制技术。

（2）拌和系统性能。三峡水利枢纽工程在三期工程开始施工前已建了多座拌和系统，并在系统的运行中不断完善拌和系统的各主辅件功能。已建混凝土生产系统技术指标见表 10-14。

表 10-14　已建混凝土生产系统技术指标表

序号	项　目		技　术　指　标				
			高程 79.00m 系统	高程 90.00m 系统	高程 120.00m 系统	高程 82.00m 系统	高程 98.70m 系统
1	系统生产能力 /(m³/h)	常态混凝土	320×2	360+240	240×2	240	320+240
		低温混凝土	250×2	250+180	180×2	180	250
2	粗骨料仓活库容/m³		17000	10000	由高程 115.00m 系统供应	由高程 115.00m 系统供应	3000
3	细骨料仓活库容/m³		8800	7500	5100	3200	14000
4	一次风冷调节料仓容量/m³		240×8	240×8	(250+240)×4	240×4	240×4
5	冲洗脱水及筛分车间	生产能力/(t/h)	700×2	700×2	600×2	460	700×2
		筛型及数量	2 台 ZYKR2460 4 台 ZYKR3060	2 台 ZYKR2460 4 台 ZYKR3060	4 台 ZYA2460 2 台 ZUSL2.4×6	1 台 ZYKR2452 2 台 ZYKR2052	6 台 ZYKR2460
6	风量/(m³/min)		300	240	180	140	240
7	水	耗用量 /(万 m³/d)	3.1	2.76	1.8	1.85	2.6
		制冷水量 /(m³/h)	130~150	80~100	600	80~100	170
8	电量/kW		26415	17500	11500	7200	13500
9	制冷容量（含冷却水） /(m³/h)		2150×104 (150)	1600×104 (100)	1375×104 (100)	750×104 (100)	1250×104 (150)
10	胶凝材料储量 /t	水泥	1500×7	1500×6	1000×5	1500×3	1500×7
		粉煤灰	800×3	800×2	600×2	800×2	800×3
11	胶带机/(m/万袋)		5880/40	2160/34	2849/34	959/16	2507/34
12	系统总占地面积/万 m²		12	6	3.1	4.8	10

10.1.3　施工进度

（1）总工期及控制性节点工期。

1）总工期。三峡水利枢纽工程三期右岸厂房坝段工程施工从 2002 年 7 月开工，2007 年 12 月完工，施工总工期 5 年 6 个月。

2）控制性节点工期。

2002 年 7 月开工。

2003 年 1 月底，开始明渠内大坝基坑开挖。2003 年 8 月基本完成三期开挖。

2003 年 9 月开始混凝土浇筑设备安装，2003 年 10 月开始浇筑混凝土。

2004 年 4 月底至 2005 年 6 月大坝到达高程 108.00m，进行压力钢管的安装。

2007 年 1 月全线浇筑至坝顶高程 185.00m。一期埋件随土建施工同步进行，在 2006

年底基本完成。

2007年4月完成大坝闸门及启闭机的调试，大坝具备挡水条件。

3）施工主要工程量。右岸大坝工程标段主要工程量见表10-15。

表 10-15　　　　　　　　　右岸大坝工程标段主要工程量表

项　目　名　称		单　位	工　程　量	备　注
混凝土	基础混凝土	万 m³	42.72	其中右非坝段 16.03 万 m³
	填塘混凝土	万 m³	1.79	
	坝外混凝土	万 m³	14.58	
	坝内混凝土	万 m³	65.75	
	结构混凝土	万 m³	58.95	
	压力钢管外包混凝土	万 m³	13.77	
	拦污栅混凝土	万 m³	3.25	
	门槽二期混凝土	万 m³	0.17	
	抗冲耐磨混凝土	万 m³	0.82	
	弧门牛腿混凝土	万 m³	0.19	
	其他	万 m³	2.52	
	合计	万 m³	204.51	
钢筋	坝体钢筋	万 t	1.19	其中右非坝段 0.18 万 t
	压力钢管钢筋	万 t	1.03	
	拦污栅钢筋	万 t	0.42	
	排沙孔钢筋	万 t	0.14	
	其他	万 t	0.12	
	合计	万 t	2.9	

（2）进度计划关键项目和关键线路。

1）进度计划关键项目说明。根据三峡水利枢纽工程右岸厂房坝段控制性工期要求，结合施工特性分析，右岸厂房坝段的进度计划关键项目为：河床坝段混凝土施工，坝后压力钢管制安和背管混凝土施工，拦污栅混凝土和栅槽一期埋件施工。

A. 河床坝段混凝土施工。河床坝段包括右安Ⅲ～右厂23号坝段。该部位建基面低，大面在高程 35.00～40.00m，混凝土工程量约 110 万 m³，占厂坝段标混凝土总量 204.51 万 m³ 的 54%；施工工序多，在基础部位要进行基岩面固结灌浆，钢管坝段甲块在浇至高程 106.00m 后，要进行坝内埋管的安装；结构体型复杂，右安Ⅲ坝段在高程 75.00m 布置有排沙孔，右厂21～23 号坝段钢管坝段甲块在高程 108.00m 布置有电站压力引水管道进水口，高程 165.00m 以上，结构渐趋复杂，进入坝顶结构施工。

B. 坝后压力钢管制安和背管混凝土施工。坝后压力钢管用布置在高程 82.00m 栈桥上的 MQ6000 门机和布置高程 120.00m 栈桥上的 MQ2000 门机安装，坝后混凝土浇筑主要依靠两座栈桥进行，且在高程 82.00m 以下，钢管安装和背管混凝土施工相互穿插，施工制约、干扰较大。

C. 拦污栅混凝土和栅槽一期埋件施工。拦污栅混凝土和栅槽一期埋件施工因施工工序多、技术含量高、施工干扰大、施工条件复杂等特点，使其成为厂房坝段工程的关键项目。

2）进度计划关键线路。根据控制性工期要求、工程特性以及本工程采取的施工方案措施，工程施工进度计划前期关键线路、主要关键线路及次要关键线路如下：

工程前期关键线路：工程开工→MQ900 门机安装→高程 120.00m 栈桥引桥施工→右非 2 号坝段高程 115.00m 以下施工→基坑上下游交通形成。

主要关键线路：碾压混凝土围堰施工占压岩梗开挖→TB-2 塔带机及供料线建安施工→右厂 22 号、23 号坝段填塘混凝土及地质缺陷处理、地勘洞回填→右厂 22 号、23 号坝段基础固结灌浆→右厂 22 号、23 号坝段高程 108.00m 以下混凝土施工→右厂 22 号、23 号坝段坝内埋管安装→右厂 22 号、23 号坝段孔口部位施工→坝体浇至坝顶高程 185.00m →快速门、事故门、拦污栅叶等金属结构安装。

次要关键线路：MQ6000 门机到场→MQ6000 门机安装→坝后背管高程 82.00m 以下压力钢管（衬）及背管混凝土施工→上游副厂房交面。

10.1.4 施工方案

（1）主要施工方案。混凝土施工项目主要包括：右非 1～7 号坝段（其中右非 3～5 号坝段高程 160.00m 以下部分作为二期缆机锚固点已施工）混凝土；右厂排沙孔坝段、右厂 21～26 号坝段（含安Ⅲ坝段）混凝土；拦污栅墩结构混凝土；背管外包混凝土；地勘探洞回填及基础排水洞衬砌混凝土；交通桥及电梯井混凝土；坝顶门机轨道梁、交通桥"T"形梁预制及安装；右厂 24～25 号机组段上游副厂房基础混凝土；厂坝间平台混凝土等。

根据三峡水利水电枢纽工程量大、施工强度高、结构复杂和金属结构安装量大的特点，经多方案比较，选择以塔（顶）带机、高架门机、塔机（一期工程使用缆机）为主要施工设备的施工方案。

1）开工以后，在右非坝后高程 120.00m 平台布置 1 台胎带机，主要浇筑栈桥引道及右非 1 号、2 号坝段，引道形成后，在引道上安装 SDMQ1260 门机，为后期浇筑栈桥基础及右非 1 号、2 号坝段服务，同时配合吊装栈桥钢结构梁。

在高程 82.00m 进场路上游端头布置 MQ900 门机 1 台，配合施工右非 1 号坝段排漂孔泄槽部分的丁块（安Ⅰ、安Ⅱ基础）、丙块及右非 2 号坝段坝后的高程 120.00m 栈桥引道，并进行此部位部分排沙钢管的吊装。

在右厂 26-1 坝段的高程 90.00m 平台顺水流向布置 1 台 MQ900 低架门机，主要用来浇筑右厂 25-2 坝段的顶带机基础并负责安装顶带机（TB-1）。TB-1 顶带机形成后，前期采用高程 120.00m 栈桥外侧的供料皮带（临时供料线）供料，后期改为塔机工况。

高程 120.00m 栈桥推进至右非 1 号坝段，在高程 120.00m 栈桥上布置 1 台 MQ2000 门机。

2）在右厂 21-1 坝段布置 1 台 SDMQ1260 门机，进行 21-2 坝段的塔带机（TB-2ROTEC 塔带机）及供料线基础的浇筑和安装。同时在安Ⅲ～右厂 22 号坝段前的高程

58.00m 平台布置 1 台 K1800 塔机，可控制安Ⅲ～右厂 23 号坝段高程 150.00m 以下的坝体及拦污栅。

顶带机供料线采用坝内布置，从高程 150.00m 拌和系统至右非 6 号坝段坝后，沿高程 120.00m 栈桥上游至顶带机。供料线皮带随坝体的上升逐渐顶升。

在 25～26 号坝前布置 1 台 MQ900 门机浇筑坝体甲块。在拦污栅具备条件后，利用该门机浇筑拦污栅。高程 82.00m 栈桥上的 MQ6000 门机投产运行。

在右厂 22 号-2 坝段前的拦污栅平台（高程 98.00m 平台）上布置 1 台 H3/36B 塔机，可控制安Ⅲ～右厂 24 坝段的拦污栅及部分甲块坝体。

因此，高峰期本标段施工机械的布置格局为 2 台顶（塔）带机，高程 120.00m 栈桥上的 SDMQ1260 门机和 MQ2000 门机，高程 82.00m 栈桥上的 MQ6000 门机，坝前高程 58.00m 的 K1800 塔机和高程 103.00m 的 MQ900 门机，坝前拦污栅平台上的 H3/36B 塔机。

右厂 24～26 坝段浇筑至高程 140.00m 以上时，拆除 TB-1 顶带机上料皮带，顶带机采用塔式工况施工。

安Ⅲ～右厂 24 坝段基本浇筑至高程 150.00m 以上，坝前 MQ2000 门机拆除。

坝顶门机开始安装前，在右非 1 号坝段坝顶布置 1 台 SDMQ1260 门机作为坝顶门机安装的施工手段。

（2）混凝土施工机械设备浇筑强度分析。根据施工计划分析，右岸厂房坝段工程混凝土浇筑各年度的平均及最大浇筑强度见表 10-16。

表 10-16　　　　　　右岸厂房坝段工程各年混凝土浇筑强度表

年　　份	2002	2003	2004	2005	2006	2007
混凝土浇筑平均月强度/万 m³	1.03	2.36	7.72	5.12	1.27	0.08
混凝土浇筑月最高强度/万 m³	1.48	5.8	8.3	7.6	2.8	0.13

根据本标段工程施工进度计划，2004 年为混凝土施工高峰年，该年度混凝土施工总量为 92 万 m³，平均月强度 7.72 万 m³，高峰月强度为 8.3 万 m³，考虑了不均衡系数。

主要混凝土浇筑施工机械生产能力如下：

1）胎带机：胎带机的小时平均生产能力为 70～90m³/h，台班产量 420～550m³，月强度可达 2.0 万～2.5 万 m³。

2）塔（顶）带机：塔（顶）带机的小时平均生产能力为 100～120m³/h，台班产量 600～730m³，月强度可达 4.5 万～5.5 万 m³。

3）门塔机：K1800 塔机、MQ2000 门机的小时平均生产能力为 40～60m³/h，台班产量 240～360m³，月强度可达 1.2 万～1.7 万 m³。SDMQ1260 门机小时生产能力约为 30～50m³/h，台班产量 150～300m³，月强度可达 0.9 万～1.3 万 m³。

4）自卸汽车：混凝土由高程 84.00m 及高程 150.00m 混凝土生产系统供应，最大月浇筑强度为 3.7 万 m³（减除供料线承担的浇筑任务），自卸汽车水平运输单程平均运距约 2.5km，自卸汽车单程运输时间约需 10min，按汽车往返一次 30min 计算，汽车的小时运输能力为 12m³，台班运输能力 72m³，需要配置 10 辆自卸汽车方可满足施工强度要求。

5）侧卸车：侧卸车主要用于浇筑背管高程82.00～106.00m部位，采用My－box下料的混凝土运输手段，月最大供料强度为13800m³，小时供料强度为27.6m³，考虑运距等因素，侧卸车的小时供料强度为12m³，需配置3台侧卸车即可满足施工需求。

因此为满足施工需求，需按以上要求进行设备配置，且做好设备的运行管理。三峡水利枢纽工程三期右岸厂房设备布置平面见图10－3，典型坝段设备布置剖面见图10－4。

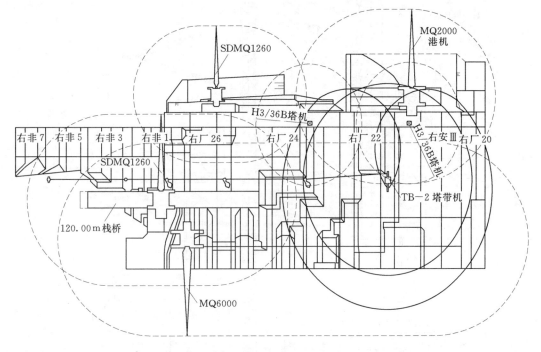

图10－3　三峡水利枢纽工程三期右岸厂房设备布置平面图

（3）温度控制。三峡水利枢纽工程大坝施工对混凝土温度控制严格，施工规划过程中，主要采取措施为：混凝土骨料采用加冰或热水调整出机口温度、大坝永久面粘贴苯板、施工工作面覆盖保温被、后浇块三期进行冷却等方法控制混凝土浇筑温度。

（4）养护。为了保证高温期混凝土浇筑质量，在施工过程中，利用喷雾机喷雾对仓面形成小气候，对混凝土进行养护，浇筑结束后，对仓面进行洒水，立面模板拆除后，挂花管喷水进行养护。

10.1.5　主要资源配置

（1）主要施工机械布置。根据施工进度及施工需要，共投入施工机械主要为2台顶（塔）带机（含供料线）、2台MQ2000门机、1台MQ6000门机、2台SDMQ1260门机、2台MQ600门机、2台建筑塔机和1台胎带机。

1）混凝土水平运输手段。混凝土水平运输主要采用皮带机供料线、20t自卸汽车、混凝土搅拌车及侧卸车作为水平运输手段。根据施工进度安排，配置2条皮带机供料线用于2台塔（顶）带机供料；配置10台20t自卸汽车用于门机和胎带机供料；配置4台侧卸车用于My－box浇筑压力钢管背管供料。

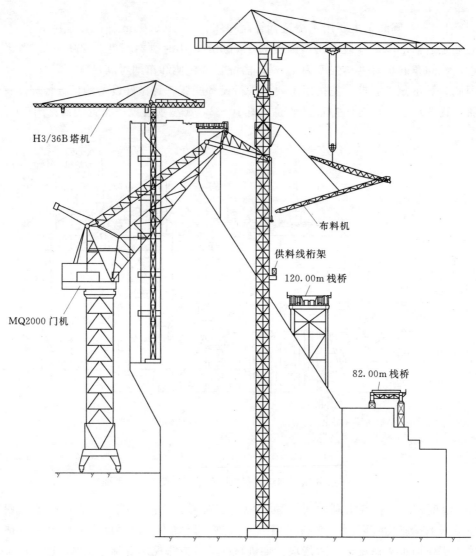

图 10-4 典型坝段设备布置剖面图

　　2）混凝土垂直运输手段。混凝土垂直运输主要采用门机、塔机、胎带机和塔（顶）带机作为垂直运输手段。根据施工进度安排，配置 1 台塔带机、2 台顶带机、2 台 MQ2000 门机、1 台 K1800 塔机、1 台 MQ6000 门机、3 台 SDMQ1260 门机、1 台 MQ900 门机、2 台 MQ600 门机、2 台建筑塔机进行混凝土浇筑。

　　各主要施工设备布置参数见表 10-17。

表 10-17　　　　　　　　　各主要施工机械设备布置参数表

编号	名称型号	布置位置	桩号/m	基础或轨道高程/m	布置时段/（年-月）
1	TB-1 顶带机	右厂 25-2 乙块	$x = 20 + 38.4$ $y = 49 + 731.77$	85.00	2002-10—2007-1

编号	名称型号	布置位置	桩号/m	基础或轨道高程/m	布置时段/(年-月)
2	TB-2塔带机	右厂21-2乙块	$x=20+44.00$ $y=49+579.35$	45.00	2003-9—2007-4
3	MQ2000门机	120.00m栈桥	20+60.50	122.50	2002-12—2007-12
4		右非坝顶	20+1.25	185.00	2005-8—2006-6
5	MQ6000门机	82.00m栈桥	20+93.20	87.50	2004-3—2007-6
6	MQ900门机	右厂25~26坝前	20-26.5	103	2003-5—2005-12
7	SDMQ1260门机	120.00m栈桥	20+60.50	122.50	2002-9—2003-2
		右厂26-1乙块	49+758.89	90	2002-9—2002-11
		右厂23-1坝段	49+632.84	70.00	2003-8—2003-11
8	MQ600门机	高程82.00m平台		82.00	2002-9—2003-7
		右厂21-1坝段	49+554.72	40.00	2003-8—2003-11
9	H3/36B塔机	右厂22-2坝前拦污栅		98.00	2004-12—2007-10
10	K1800塔机	安Ⅲ~右厂23坝前	20-2.70	58.00	2003-8—2007-1

注　胎带机视现场情况布置，表中未计附属企业施工机械设备。

3）SDMQ1260门机。SDMQ1260门机安装在高程120.00m栈桥及坝顶，主要用于浇筑栈桥基础及右非1号、2号坝段，同时配合吊装栈桥钢结构梁，和后期坝顶闸门安装及吊装需要。

4）MQ2000门机。MQ2000门机布置在高程120.00m栈桥，主要用于坝后压力钢管的吊运和组装，及坝体混凝土浇筑。

5）MQ6000门机。MQ6000门机布置在厂坝间高程82.00m栈桥上，主要进行右岸厂房坝段的压力钢管吊装、安装，以及右岸水电站厂房标段的机组埋件的调运安装和混凝土浇筑的辅助工作。

6）摆塔式缆机。三峡水利枢纽工程在二期施工中配置两台摆塔式缆机，为满足三峡水利枢纽工程金属结构安装与混凝土浇筑的需要，在轴线方向20+010.0和20+040.0处架设了两台摆塔式缆机。该种类型缆机在国内尚属首次安装，通过国际招标采购，选用德国克虏伯（KRUPP）公司作为供货商。缆机布置见图10-5。

图10-5　三峡水利枢纽工程摆塔式缆机布置图

7) 顶（塔）带机。右岸三期厂房坝段工程共布置了 2 台顶（塔）带机，塔带机为美国 ROTEC 公司生产的 TC2400，布置在右厂 21 - 1 坝段乙块。三峡水利枢纽工程三期塔带机见图 10 - 6。顶带机为法国 PODAIN 公司和日本三菱公司合作生产，布置在右厂 25 - 2 坝段乙块。

图 10 - 6　三峡水利枢纽工程三期塔带机

8) K1800 塔机。K1800 塔机为丹麦克劳尔公司生产，布设在厂坝坝段坝前高程 58.00m 平台，主要用于仓内设备、材料吊运及坝前拦污栅埋件等安装。

9) C200 - 240 胎带机。C200 - 240 胎带机主要用于设备可以直接到达，并有一定的设备停放平台部位和混凝土取料较容易部位，以及胎带机伸缩架覆盖范围内的仓面混凝土浇筑。三峡水利枢纽工程三期厂房坝段施工主要用于坝后高程 120.00m 栈桥端头右非坝段及栈桥基础柱混凝土浇筑，和坝前部分坝段甲块浇筑。

三峡水利枢纽工程三期及其他施工阶段中均布设有大量的施工机械设备，在各类机械设备的布置上要充分考虑设备之间的安全运行距离与设备的有效运行范围之间的关系，即便在三维空间范围存在交叉作业的情况，也需合理地进行管理和组织。

在进行混凝土仓面设计时，在满足浇筑强度的情况下，应尽量少用大型机械，避免多台大型机械设备同时浇筑一仓，减少机械碰撞的几率。

（2）原材料。为保证混凝土原材料质量，需严格控制原材料的进场检验，严把"两关"：一是检验试验关。水泥、粉煤灰、外加剂及其他外掺原材料进场都要附带出厂合格证和材料合格单，砂、石骨料加强使用前的检测，对需要复检的材料及时做好检验工作，不合格的材料坚决清退出混凝土拌和现场；二是使用关。保证材料在保质期内使用，不使用过期变质材料，对同种类不同规格材料要求认真做好标识，防止误用混用。现场原材料

126

检验应按有关标准及规定进行，并符合相关规定。

1）砂石骨料。三峡水利枢纽工程砂石料源较多，主要有下列几个主要料源：

A. 天然砂砾石料料场。长江河床天然砂砾石料储量丰富，主要位于坝址下游 54～85km 范围的虎牙滩、红花套、云池、宜都四个料场。砂砾石总储量 11085.4m³，剥离量 2265m³，其剥采比约为 20％，净砾石储量 8186 万 m³，净砂储量 5453 万 m³，含砂率 40％。砂料为中细砂，由石英、长石、火成岩、碳酸盐岩、砂岩及微量云母组成。

长江支流黄柏河南村坪料场，距坝址约 52～58km，砂砾石储量 715 万 m³，各滩含砂率 19.8％～27.8％，其含砂率偏低，需在系统加工中增设制砂补充。

B. 基坑开挖料。三峡水利枢纽工程基岩为闪云斜长花岗岩，其微、新岩石岩体完整，湿抗压强度 97.1～98MPa，容重为 27.4～27.5kN/m³，指标优越，料源近，就地加工成本低，是良好的砂石料源。三峡水利枢纽工程土石方开挖总量达 10008 万 m³，其中微、新岩石开挖量为 2845.6 万 m³。

C. 人工砂石料场。

a. 下岸溪斑状花岗岩料场：下岸溪料场位于坝址下游左岸的鸡公岭，距坝址约 12km，地面高程 220.00～576.00m，地面坡脚一般为 22°～25°，局部达 45°，表面冲沟发育。勘探面积为 0.7km²，分 I 区、II 区两区，其中 I 区面积 0.3km²，储量 3464.5 万 m³，II 区面积 0.4km²，储量 1270.4 万 m³，合计勘探储量 4734.9 万 m³。

下岸溪岩石为斑状花岗岩，主要成分为酸性斜长岩、石英岩、钾长石等。新鲜岩石力学性能指标为干抗压强度 193.9MPa，湿抗压强度 126.9MPa。

b. 朱家沟白云质灰岩料场：朱家沟料场位于长江左岸王家坪北侧朱家沟，距宜莲公路 1.5km，距坝址 20km，勘探面积约 0.75km²，料区地面高程 500.00～800.00m，地形坡度一般为 15°～30°，局部呈 50°以上，料区出露地层有页岩，厚度 5～10m，需剥离。有用层为寒武系石龙洞组，厚度 147m，岩性为厚层状致密粗精硅质白云质灰岩及灰岩，干抗压强度 80.9MPa，湿抗压强度 79.9 MPa。可采量达 5400 万 m³。

c. 白崖山灰质白云岩料场：白崖山料场位于长江左岸，宜莲公路北侧，下岸溪西侧支沟、柳树沟与俞家沟之间，距三峡坝址 27km，勘探面积 0.65km²，料场圈定范围出露地层为寒武系上统黑石沟组和少量第四系残坡积物。岩体中零星分布有燧石结核和泥质条带，料场剥离层由覆盖风化及岩溶风化岩组成，厚度为 8～12m，剥离量为 500 万 m³，有用储量为 5894 万 m³，干抗压强度 201.5MPa，湿抗压强度为 133.4MPa。

经试验及综合比较分析，各阶段砂石料选择情况如下：

施工准备阶段及第一阶段工程料源。因工程初期基坑未能提供可利用的新鲜石料，碎石和人工砂系统尚未完成，故第一阶段右岸采用天然砂石料，左岸前 4 年也采用天然砂石料，从第五年起左岸混凝土采用基坑开挖加工的粗骨料和下岸溪料场加工的人工砂。

第二阶段混凝土砂石料源。基坑已开挖大量微、新岩石，其物理力学指标优越、化学性能稳定，料源近、就地加工成本低，故左岸混凝土全部利用基坑开挖粗骨料和下岸溪人工砂。第二阶段右岸仍采用天然砂砾石料，在浇筑第三阶段碾压混凝土围堰时，需有左岸供应 43.3 万 m³ 混凝土人工砂石料，增援 2003 年 2—6 月混凝土浇筑，以降低右岸系统生产规模。

第三阶段混凝土砂石料源。由于右岸基坑利用料少，选用下岸溪人工砂石料。

2）水泥。工程中使用的水泥主要由试验配合比来确定水泥的型号，三峡水利枢纽工程第一阶段水泥的三个主要供应厂家为葛洲坝股份有限公司水泥厂（简称葛洲坝水泥厂）、湖南坝道特种水泥有限公司（简称湖特水泥厂）和华新水泥股份有限公司（简称华新水泥厂）。主体工程主要采用了葛洲坝水泥厂和湖特水泥厂的 525 中热硅酸盐水泥（简称中热水泥）和 425 地热矿渣硅酸盐水泥（简称低热水泥）。在第二、三阶段对具备条件的全国生产 525 硅酸盐水泥条件的 12 个厂家，选定了葛洲坝水泥厂、湖特水泥厂和华新水泥厂为主要供应厂。

3）粉煤灰。三峡水利枢纽工程第一阶段采用Ⅱ级粉煤灰，供应厂家有汉川、阳逻、重庆、珞璜、湘潭和松木坪等电厂。三峡水利枢纽工程第二阶段，由于采用人工骨料、其混凝土的单位用水量较高，因此在混凝土配合比设计的前期混凝土即配合比选择试验阶段，在当时Ⅰ级粉煤灰尚未落实的情况下，从各电厂供应的Ⅱ级粉煤灰中，选用了质量较好的重庆电厂的粉煤灰，其品质检验接近Ⅰ级粉煤灰标准（即当时称为准Ⅰ级粉煤灰）。

为了有效地降低人工骨料的单位用水量，改善和提高混凝土性能，通过精心试验，并调查Ⅰ级粉煤灰资源后，开始使用Ⅰ级粉煤灰。1997 年后所有的人工骨料全部使用Ⅰ级粉煤灰。

4）外加剂。外加剂选择和规划使用是混凝土配合比试验的重要内容，随着粉煤灰品质的不断改进和人工骨料的大量使用，外加剂选择和试验也在不断进行。通过初选试验、优选试验和验证试验三个阶段对由国内外提供的 30 余种减水剂和引气剂品质进行对比，最后选用了浙江龙游的 ZB-1、上海麦斯特 R561C 及武钢浩源 FDN9001 三种减水剂，和青岛科力 PC-2 引气剂，石家庄 DH9 引气剂备用。

5）钢筋。钢筋的规划主要根据设计要求进行招标管理，在满足技术要求、货源的情况下选择性价比较好的企业作为供应商，同时需考虑钢筋的进场运输及储存。

由于三峡水利枢纽工程使用钢筋量大，为了满足用量除在厂家的选用上要求有足够的生产规模和供应能力外，还在厂区内修建大型的钢筋仓库，储存一定量备用钢筋。

6）模板。为确保混凝土外观体形及表面平整度、曲面光滑度的要求，模板选用应满足设计及有关规范要求，模板确保具有足够的强度和刚度，制作时保证模板面板的形体质量、表面平整、光洁度和密封性。模板间拼缝紧密。模板及支架在选用材料上主要以钢材为主，辅以少量木材，尽可能采用大型整体钢模板。

模板使用方面尽可能多用定型模板及专业模板，少用散模，不断改进施工工艺，提高混凝土外观质量，减少或避免后期修补。断面形状规则的大体积混凝土，全部采用全悬臂定型组合钢模板（包括键槽模板）；较小的仓面及局部小范围不规则部位采用在仓内布置有拉条的小型钢模板。局部小孔洞、基岩上第一层浇筑体和有骑缝钢筋穿过的采用钢支撑木面板；对于廊道顶拱、机组进水口（含渐变段）、排沙孔（含渐变段）、排漂孔、背管、拦污栅等特殊部位采用异型定型组合模板；通气孔及部分廊道模板采用预制钢筋混凝土模板；各种牛腿部位采用吊模。

三峡水利枢纽工程小型钢模板及悬臂模板均在有加工能力的外厂订购，以及一些异性模板或内部制作能力不足时的特殊模板均通过委托制作完成。

10.2　小湾水电站大坝混凝土工程施工规划

小湾水电站工程属大（1）型一等工程，永久性主要水工建筑物为一级建筑物。工程以发电为主兼有防洪、灌溉、养殖和旅游等综合利用效益。装机容量 420 万 kW，保证出力 185.4 万 kW，年保证发电量 190 亿 kW·h。

10.2.1　概述

小湾水电站工程由混凝土双曲拱坝、坝后水垫塘及二道坝、左岸泄洪洞及右岸地下引水发电系统组成。大坝为混凝土双曲拱坝，坝高 294.50m，坝底最低高程 950.50m，坝顶高程 1245.00m，坝顶中心线弧长 901.77m，拱冠梁顶宽 12m，底宽 73.3m，厚高比0.25。大坝由 43 个坝段及左岸推力墩组成。泄水建筑物由坝顶五个开敞式溢流表孔、六个有压深式泄水中孔、两个放空底孔、三个导流中孔、两个导流底孔和左岸两条泄洪洞组成。泄洪洞由短有压进水口、龙抬头段、直槽斜坡段以及挑流鼻坎组成。小湾水电站平面布置见图 10-7。

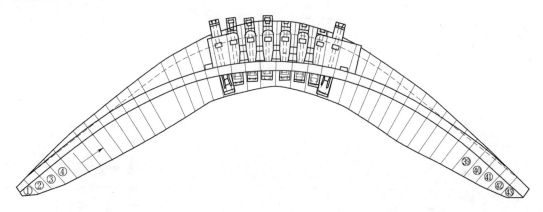

图 10-7　小湾水电站坝体①～㊸坝段平面图

小湾水电站混凝土双曲拱坝共分 43 个坝段，本案例主要讲述右岸①～㉓号坝段混凝土施工规划。

10.2.2　施工布置

10.2.2.1　交通布置

（1）对外交通条件。小湾水电站对外交通运输采用公路与铁路联合运输方式。

主线公路为昆明→安宁→楚雄→祥云→南涧→岔河→小湾水电站的干线公路，全长约456km。已建成使用的广大铁路（广通至大理）通过成昆铁路与国家铁路网络连接，铁路运输物资运至祥云站，通过设在祥云站的小湾水电站外来物资转运站转运至小湾水电站工地，公路里程154km。

对外交通辅线公路为改建（部分新建）的凤庆经大河至小湾水电站四级公路，全长约49km，于 2001 年 4 月建成通车。

（2）场内交通条件。施工场内交通干线主要有凤小公路Ⅰ～Ⅲ段、左岸导流隧洞施工道路、右岸下线公路、左岸坝顶公路、右岸坝顶公路、砂石加工系统出渣公路等，场内施工道路的有关特性参数见表 10－18。

表 10－18　　　　　　　　场内施工道路的有关特性参数表

编号	道路名称	主要控制点	高程/m	最大坡度/%	路面宽度/m	路基宽度/m	路面类型	隧洞断面/(m×m)
R1	凤小公路场内Ⅰ段	临时桥右桥头至第二地质勘测队	1017.00 1372.00	7	10	11.5	混凝土路面	
R2	凤小公路场内Ⅱ段	第二地质勘测队至缆机平台	1372.00 1417.00	6.1	7	8.5	混凝土路面	
R3	凤小公路场内Ⅲ段				7	8		8.5×7
R4	左岸导流隧洞施工道路	临时桥左桥头至导流洞进口	1017.00	1.96	10	11.5	泥结碎石路面	
R5	右岸下线公路	临时桥至右岸上游下线出渣公路	1017.00 1019.70		10	11.5	混凝土和泥结碎石	
R7	左岸坝顶公路	岔小公路至左岸坝顶	1157.50 1245.00	2.33	10	11	混凝土路面	10×7
R8	右岸坝顶公路	凤小公路场内Ⅰ段至右岸坝顶	1137.60 1245.00	8	9	10.5	混凝土路面	
R9	砂石加工系统出渣公路	马鹿塘至左岸砂石系统	1360.00 1400.00	9.75	9	10.5	混凝土路面	
R10	左岸上游出渣公路	导流洞进口至左岸2号公路洞口	1010.00 1245.00	10.4	10	11.5	混凝土路面	
R11	右岸上游出渣公路			11.5	10	11.5	混凝土路面	
R13	右岸中线公路	坝顶公路至坝肩中部	1140.00	8	9	10.5	混凝土路面	
R14	石料场开采公路	左岸坝顶至石料场底部	1175.00 1330.00	9	9	10.5	混凝土路面	
R15	岔江至马鹿塘	左岸2号公路洞口至岔小线	1245.00	9	10	11.5	混凝土路面	
R16	岔小公路延长段	永久大桥左桥头至临时桥左桥头			10	11.5	混凝土路面	

沟通前期施工区两岸交通的临时跨江大桥为钢索桥，桥长 200m，荷载标准为汽—62级，挂—100 级，于 2000 年 11 月建成通车。永久跨江大桥是施工区两岸交通的枢纽工程，为钢箱提篮拱桥，桥长 181.6m，荷载标准为汽—86 级，挂—300 级，于 2002 年 12 月建成通车。

（3）主要施工道路布置。

1) 施工道路布置。小湾水电站施工道路根据施工建筑物体型及所在地的地形顺势建造，如：利用坝后两岸斜坡顺势修筑的下基坑道路。

2) 坝体施工交通。坝体施工交通采用垂直上坝钢梯、坝面爬梯、人行便桥、交通马道及简易爬梯等形式，要确保坝体施工交通便利、安全可靠。小湾的坝体施工交通如下：

小湾水电站拱坝五层永久马道不能满足后续施工项目的施工需求，通过对坝后交通进行专门研究，设计了可快速安拆、可周转使用的钢栈桥和转梯。同时，为了减小施工人员穿插不同工作面时的劳动强度，提高劳动效率，同时在坝后相邻两层永久马道之间安装施工电梯作为辅助交通手段。

10.2.2.2　风、水、电及排水设置

（1）供水系统布置。

1) 供水水源。生产用水从当地生活用水接入。主体工程的供水水池容量及供水能力：

A. 右岸高程 1275.00m 水池（容积 500m³），提供大坝右岸施工用水 200m³/h。

B. 右岸高程 1220.00m 水池（容积 500m³），提供大坝右岸施工用水 200m³/h。

C. 右岸高程 1145.00m 水池（容积 1000m³），提供大坝右岸施工用水 900m³/h。

D. 右岸高程 1051.00m 水池（容积 1000m³），提供大坝右岸施工用水 900m³/h。

2) 施工用水项目。大坝施工用水项目主要有混凝土施工仓面冲毛、清洗、浇筑和坝体养护，坝体混凝土一期、二期冷却补水以及基础处理钻灌用水等。

3) 供水布置及供水方式。由于供水水池布置高程不同，根据进度计划、冷却用水压力及混凝土浇筑时段，施工生产供水布置分前、中和后期三阶段供水。以右岸为例：

A. 前期施工供水：采用高程 1145.00m 和高程 1051.00m 水池联合供水，主要提供高程 1100.00m 以下大坝施工用水及高程 1080.00m 以下制冷用水。施工用水采用重力联通自流供水方式，制冷水在高程 1020.00m 以下为重力自流供水，高程 1020.00m 以上为加压供水。

B. 中期施工供水：采用高程 1145.00m 水池及高程 1245.00m 水池（自建水池，作为高程 1145.00m 水池的调节水池）进行联合供水（即在右岸高程 1145.00m 水池出水口处设置泵站，将水抽至右岸高程 1245.00m 水池，利用右岸高程 1245.00m 水池取水口接引钢管进行供水），主要提供高程 1200.00m 以下大坝施工用水及高程 1190.00m 以下制冷用水。施工用水采用重力联通自流供水方式，制冷水在高程 1160.00m 以下重力自流供水，高程 1160.00m 以上加压供水。

C. 后期施工供水：采用高程 1145.00m 水池、高程 1245.00m 水池（自建水池）、高程 1220.00m 水池及高程 1275.00m 水池联合供水，主要提供高程 1200.00m 以上大坝施工用水及高程 1190.00m 以上制冷供水。在利用中期供水已建好的供水系统，在右岸高程 1245.00m 水池（自建水池）接引钢管向设在高程 1245.00m 的移动式制冷机组供水，同时在右岸高程 1220.00m 水池取水口处设置泵站（1 台 IS125—100—250 型水泵，流量 200m³/h；扬程 90m；电机功率 75kW）将水抽至右岸高程 1275.00m 水池，利用右岸高程 1275.00m 水池取水口接引钢管采用重力联通自流供水方式供施工供水。

（2）用电规划。

1) 用电负荷计算。主要用电设备由门塔机、缆机、拌和系统、冷水系统等，此外还有仓号混凝土浇筑、基础渗控处理、施工照明及基坑排水等用电负荷。右岸主体工程施工用电总负荷为 13500kW。

2）变电所布置。右岸大坝标大坝施工区施工电源由业主指定的右岸下游小新村沟旁10kV 开关站提供两个电源接口接引。

根据施工期与运行期相结合的原则及负荷位置、负荷量、配置施工变压系统。在右岸高程 1150.00m 公路及右岸高程 1230.00m 岸坡马道平台设置配电所。在施工区及生产用场地内设置箱式变（变压器）。线路采用架空线路及电缆敷设相结合方式，箱式变均选用ZBW12 型箱式变压站，箱式变压器内配备一面高压开关柜、1 台 S9 型变压器、两面低压动力柜及一面电容补偿器，用以提高系统的功率因数。

3）线路走向。右岸分为两回线路，第一回线路即高压架空线规格 LGJ—150mm^2，最大负荷容量约 6000kVA，线路走向大致为：右岸小新村沟旁 10kV 开关站→右岸高程1200.00m 马道→高程 1150.00m 中线路中段→高程 1150.00m 中线路上游段终端杆。

第二回线路即"坝肩 I 回"供电线路，高压架空线规格 LGJ—120mm^2，最大负荷容量约 5000kVA。线路走向大致为：右岸小新村沟旁 10kV 开关站→右岸坝肩 A 区高程1425.00m 平台→高程 1245.00m 坝肩平台→右坝肩抗力体平台→高程 1220.00m 马道→高程 1075.00m 马道终端杆。

（3）用风规划。混凝土工程施工用风主要砂石加工系统、混凝土拌和系统、基岩面撬挖、固结灌浆用风、仓面冲洗、混凝土冷却管管道检查以及小结构部位清洗等。

本标在右岸中线公路上设置供风站。供风站占地面积 200m^2，最大供风量120m^3/min，布设 6 台 40m^3/min 电动空压机（五用一备）。另配置 3 台 6～27m^3/min 的移动式空压机辅助供风。

主供风管路沿坝后临时桥敷设，每两个坝段间及廊道入口处设置支管供风。主供风管路随主坝混凝土浇筑升高设置在不同高程的坝后临时桥上，各工作面用风从主供风管路上逐级引取，并在主供风管路的适当位置布置 10m^3 的稳压储气罐进行稳压储气，以保证供风风压和风量的稳定。移动式空压机提前规划位置，没有可利用的永久混凝土面时，搭设临时平台。

（4）排水设置。施工前期在左右岸各形成一个约 60m^3 的临时集水井，分别布置 1 台8SAP－7 型泵，并配备 1 台同型号水泵备用。将集水排至围堰上下游。

施工中后期坝体排水泵房形成，坝后马道逐渐形成，坝后岸坡排水沟渠形成。将坝体内渗水及一部分施工弃水，通过架设在廊道的系统排污管路及污水泵，抽排至污水处理池，经沉淀后排至江河中。剩余的大部分施工弃水、雨水等通过马道及两岸坡的排水通道汇集到坝后水垫塘，经沉淀后排入下游江河中。

10.2.2.3　施工通信与照明

（1）施工通信。

1）对外通信。对外通信使用 50 台固定电话，100 部移动电话，另外各施工单位均配置光纤网络方便工程信息的传递。

2）对内通信。内部通信（以右岸为例）配置 1 台 60 门程控交换机，接 50 部有线电话，作为系统内各管理部门、辅助车间与施工作业队之间的厂内通信联络。配置 60 部无线对讲机辅助内部通信。同时设置内部局域网并接入光纤，使网络可以与移动电话相联系，以便施工信息方便快速传递。

（2）施工照明。

1）地上工程施工照明。施工区等比较宽阔的场地采用自制灯塔集中照明，每个灯塔根据照明需要可设置 3.5kW 的镝灯等照明灯具，施工仓号内根据仓号大小与施工要求采用镝灯和碘钨灯来照明，转梯、马道等通道采用白炽灯、日光灯等 220V 照明灯具。后方加工场地采用 400W、600W 高压汞灯等照明灯具，照度达到 110lx 以上。

2）地下工程施工照明。廊道照明采用 220V 照明，洞室采用 36V 的低压照明灯具，每 10m 安装一个灯具，照明主线采用低压电缆。

10.2.2.4 生产辅助设施

业主在右岸指定了两块供本标段使用的场地，其中一块用于本标段生活及办公，位于小团山营地，包含住宅、食堂、办公室等，合计建筑面积 250000m²，各种设施完善，完全满足施工期人员（3700~4000 人）使用需求。

另外一块位于大坝下游场地和尚田沟（中）弃渣场上平台，地面高程 1230.00m，占地面积 3.5 万 m²。该场地布置设施如下：综合加工厂、仓储系统、机械设备停放修理厂和金属结构厂。综合加工厂、试验室及金属结构加工厂布置见图 10-8。

（1）综合加工厂。右岸大坝综合加工厂及金结加工厂位于右岸和尚田中渣场，地面高程 1230.00m，占地面积 2.1 万 m²，主要包括钢筋加工厂、预制件加工厂（前两项设计总量为 12550t）、模板加工厂、预埋件加工厂、办公室等。

1）钢筋加工厂。钢筋加工厂主要承担主体工程、辅助工程、临时工程及预埋件的钢筋加工任务。钢筋加工总量约 5 万 t，高峰月钢筋加工量约为 1300t/月。主要由毛料堆放区、加工车间、成品堆放区组成，其中钢筋加工车间建筑面积为 750m²，毛料堆放区占地 700m²，成品堆放区占地 1950m²。

2）预制件加工厂。混凝土预制场占地 2000m²，生产规模为 15m³/班。

3）模板加工厂。模板加工厂加工车间建筑面积 450m²，成品堆放区占地 1080m²。

模板加工厂生产规模为：50~70m²/班，其中钢模板加工能力为 30~40m²/班，木模板加工能力为 20~30m²/班。

4）预埋件加工厂。预埋件加工紧邻钢筋加工厂设置，大预制件设置在钢筋加工厂右侧，小预制件设置在钢筋加工厂左侧，占地面积为 13000m²。

（2）机械停放保养场。场区布置在大坝下游场地位于和尚田沟（中）弃渣场上平台，占地面积 4300m²，建筑面积 585m²，其中棚建面积 360m²，停车场占地 1092m²，可以满足至少 40 台大小车辆同时停放的要求。

（3）仓储系统。仓储系统位于右岸大坝标和尚田中渣场，综合加工厂及金属结构加工厂对面，占地面积 0.83 万 m²。

10.2.2.5 砂石骨料、混凝土拌和及制冷系统布置

大坝混凝土主要为预冷混凝土。混凝土总量 855.53 万 m³，其中大坝混凝土 838.2 万 m³，水垫塘混凝土 4.2 万 m³，坝肩处理混凝土 13.13 万 m³。混凝土由左岸混凝土拌和系统统一供应。

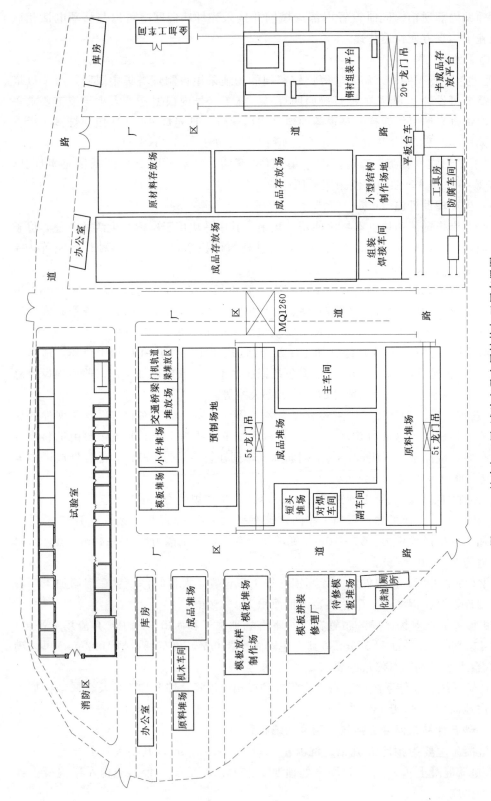

图 10－8　综合加工厂、试验室及金属结构加工厂布置图

注：以 MQ1260 门机为分界线，左侧为综合加工厂和试验室，右侧为金属结构加工厂。

（1）砂石骨料。左岸砂石料开采位于孔雀沟石料场，即在坝址左岸下游1.4～1.8km处，分布高程1200.00～1700.00m，料场面积约0.45km²。料场高程1324.00m以上有用层储量为951.0万m³，高程1324.00m以下无用料剥离量为599.55万m³，满足施工要求。

左岸砂石料加工系统布置在坝轴线下游左岸，位于左岸坝顶公路和马鹿塘至砂石系统出渣公路改线段之间，主要车间布置高程1245.00～1360.00m。场内布置有粗碎车间（3个）、半成品堆场、与筛分车间（含特大石冲筛洗）、中碎车间、细碎车间、制砂车间、检查筛分车间、细砂脱水车间、成品料场、成品供料系统、供配电系统、供排水系统及相应的临时设施等组成。各车间之间采用胶带机连接。

（2）混凝土拌和及制冷系统。混凝土生产系统布置在左坝肩缆机供料平台上（高程1245.00m坝肩平台），由A、B两座拌和系统组成，共配置4×3m³搅拌楼，拌和楼采用微机全自动控制，并能实现全自动控制与手动控制的切换。单座搅拌楼铭牌生产能力：常态混凝土240m³/h、预冷混凝土180m³/h。4座搅拌楼总的铭牌生产能力为960m³/h，预冷混凝土出机口温度可满足不大于7℃，小时生产能力可达到720m³/h。系统主要承担全部双曲拱坝混凝土和部分水垫塘、坝肩处理混凝土的生产、供应任务混凝土生产总量约880.0万m³，高峰月混凝土生产强度23.0万m³，高峰年生产强度230.0万m³。左坝肩高程1245.00m平台拌和系统见图10-9。

图10-9　左坝肩高程1245.00m平台拌和系统侧视图

10.2.2.6　大坝制冷系统

移动式制冷机组前期布置在右岸高程1000.00m平台上，中后期随坝段上升，不断将移动式制冷机组移至右岸高程1150.00m公路及右岸坝顶公路进行制冷供水。在右岸高程1150.00m公路上布置冷水机组时，为不影响道路交通及其他施工设施的正常工作，采用钢结构平台的方式将冷水机组布置搭设在边坡上的钢结构平台上。大坝冷却水水源取自于右岸主供水管路经右岸现有公路及右岸岸坡马道输送到移动式制冷机组。

制冷系统采用 MCWPWC360C 及 MCWPWC300C 移动式制冷机组，高峰期共使用 12 台冷水机组。

10.2.2.7　缆机群布置

小湾水电站共布置了 6 台 30t 平移式缆机，用于大坝混凝土吊运及金属结构吊装。6 台缆机分两层布置，高低层各布置 3 台。高层缆机主车轨道高程 1380.00m，副车轨道高程 1330.00m，跨距 1158.168m；低层缆机主车轨道高程 1365.00m，副车轨道高程 1317.00m，跨距 1048.168m，缆机的主车布置在左岸，副车布置在右岸。

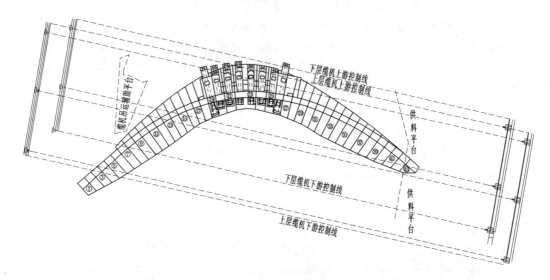

图 10-10　小湾水电站①～㊸坝段缆机平面布置图

10.2.3　施工进度

（1）总工期及控制性节点工期。

1）总工期。小湾水电站右岸大坝标土建及金属结构安装工程计划从 2005 年 7 月开工，2011 年 8 月完工，施工总工期 74 个月。

2）控制性节点工期有 8 个：

2005 年 7 月开工；

2005 年 9 月大坝首仓混凝土开始浇筑；

2007 年汛前最低坝段混凝土浇筑至高程 1065.00m，接缝灌浆最低高程至 1045.00m；

2009 年 7 月导流底孔下闸，大坝开始蓄水；

2009 年 10 月首台机组发电；

2010 年 10 月下闸封堵导流中孔；

2011 年 5 月完成导流中孔混凝土封堵施工；

2011 年 8 月 31 日工程竣工。

3）施工主要工程量。右岸大坝工程标段主要工程量见表 10-19。

序号		项　目	单位	工程量	备　注
一、混凝土	1	坝体混凝土	m³	4771232	含电梯井、封堵混凝土、表孔溢流面抗冲蚀混凝土等
	2	其他混凝土	m³	35086	包括二期、水垫塘、预制等混凝土
	3	地质缺陷处理混凝土	m³	78000	微膨胀混凝土
		合计	m³	4884318	
二、钢筋及钢材	1	钢筋	t	43158.9	包括抗震、水垫塘、预制件钢筋
	2	插筋	t	100.9	包括一期插筋、溢流面
	3	锚杆	根	24622	锚杆 HRB335ϕ20、ϕ25、ϕ32、ϕ36
	4	锚筋	t	304	包括阻尼器、钢衬
	5	锚筋桩	根	602	锚筋桩 3ϕ36 或 5ϕ36（HRB400）
		合计		68787.8	

（2）进度计划关键线路。根据控制性工期要求、工程特性以及本工程采取的施工方案措施，工程施工进度计划分为两条关键线路分别如下：

1）关键线路 1。施工准备→23～21 号坝段基础混凝土浇筑及固结灌浆→23～21 号坝段坝体浇筑至高程 1058.00m→23～21 号坝段坝体浇筑至高程 1078.00m（导流中孔孔口段及闸墩混凝土浇筑完毕）→23～21 号坝体浇筑至高程 1118.00m→23～21 号坝体分别浇筑至高程 1138.20m、1141.00m、1150.70m→ 23～21 号坝体分别浇筑至高程 1165.00m、1168.00m、1174m（泄洪中孔钢衬安装高程）→4～2 号泄洪中孔闸墩预应力锚索施工、工作弧门及启闭机安装（大坝蓄水）→2009 年首台机组发电→20 号坝段混凝土浇筑至坝顶→事故门安装→工程完工。

2）关键线路。施工准备→2 号坝段基础混凝土浇筑及固结灌浆→19 号坝段基础混凝土浇筑及固结灌浆→18～11 号坝段基础混凝土浇筑及固结灌浆→11～7 号坝段基础混凝土浇筑及固结灌浆→6～4 号坝段基础混凝土浇筑及固结灌浆→3 号、2 号坝段基础混凝土浇筑→3 号、2 号坝段混凝土浇筑至高程 1204.00m→2009 年首台机组发电→20 号坝段混凝土浇筑至坝顶→事故门安装→工程完工。

（3）主要工程项目施工强度说明。

1）大坝施工的主要施工强度指标见表 10－20。

表 10－20　　　　　　　　　　大坝施工的主要施工强度指标

项目 ＼ 年份	2005	2006	2007	2008	2009	2010	2011	月高峰强度/万 m³	发生时间/（年-月）
混凝土浇筑/万 m³	10.2	95.34	132.1	126.29	96.41	22.9	0	11.75	2007－12
接缝灌浆/万 m²	0	3.43	7.1	5.42	2.88	2.25	0		2007－7 2007－8

2）大坝右岸混凝土年施工强度见图 10－11。

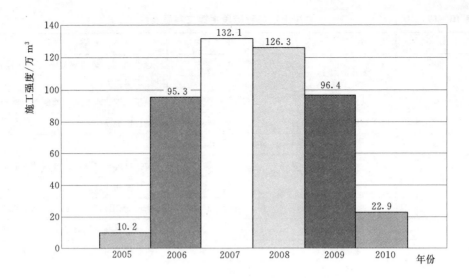

图 10-11 大坝右岸混凝土施工强度图

10.2.4 施工方案

（1）主要施工方案。根据小湾水电站工程量大、施工强度高、结构复杂和金属结构安装量大的特点，经多方案比较，选择以缆机、门机、塔机、胎带机为主要施工设备的施工方案。施工方案规划如下：

投入施工机械主要为 6 台 30t 缆机（平移式缆索起重机）、1 台 M1500 塔机、1 台 C7050 塔机、1 台 MZQ1000 门机、1 台 TSD32 胎带机。其中主坝 6～23 号（其中 5 号、6 号坝段为局部）坝段混凝土浇筑主要采用垂直吊运设备为业主提供的 6 台 30t 缆机；1～5 号坝段混凝土浇筑垂直运输主要采用 1 台 M1500 塔机，5 号、6 号坝段混凝土浇筑采用 1 台 C7050 塔机进行补充浇筑，为加快 4～6 号坝段施工进度和提高混凝土浇筑质量，经与监理、业主现场察看和开会分析讨论，在 5 号坝段坝后高程 1160.00m 布置 1 台 MZQ1000 门机作为 4～6 号坝段施工的辅助浇筑手段。TSD32 皮带输送机用于 4～6 号坝段的补充浇筑。

右岸标段大坝混凝土分层分块按设计图纸要求，大坝从右至左分为 44 个坝段（其中本标段为 1～23 号坝段）每个坝段混凝土不设纵缝通仓浇筑。基础强约束区浇筑层厚：除前期河床坝段（18～23 号坝段）采用 1.5m 升层外，其余均采用 3m 升层。脱离基础约束区均采用 3m 升层。

右岸大坝标段选择 21 号坝段首先开始坝体混凝土浇筑施工，大坝混凝土跳仓跳块及进度计划安排时左右岸统筹考虑，采用间隔跳仓方式进行施工。

根据小湾水电站气温条件、仓号特性及入仓手段，混凝土浇筑仓面设计采用平铺法浇筑，坯层厚度按 40～55cm 控制。

（2）温度控制。

1）降低混凝土入仓温度和浇筑温度的措施为在实际施工时采取拌和楼提供满足设计要求的预冷混凝土、加快混凝土运输、吊运和平仓振捣速度、仓面喷雾、仓面覆盖保温等措施以减少或防止热量倒灌。

2）加强管理，加快施工速度，各施工环节统一调度，紧密配合，缩短混凝土运输及等待卸料时间，入仓后及时进行平仓振捣，充分提高混凝土浇筑强度，最大限度地缩短高温季节混凝土浇筑覆盖间歇时间。

3）在施工进度满足要求的前提下，高温时段只作备仓工作，混凝土浇筑尽量安排在早晚、夜间及阴天进行，避免高温时段施工；加强温度检测；高温时段仓面采取喷雾；混凝土收仓后，表面需进行洒水养护或保温。

4）浇筑过程通制冷水冷却等综合措施控制混凝土最高温度，以满足标书文件要求。

5）坝体浇筑后，进入低温季节前及时进行中期通水冷却，以削减混凝土内外温差，减少因气温骤降、寒潮冲击引起的裂缝。按计划进行二期冷却，待坝体冷却至稳定温度，经闷温观测及灌区检查（处理）合格后，按接缝灌浆施工技术要求程序进行接缝灌浆施工。

10.2.5 主要资源配置

（1）主要施工机械布置。

1）混凝土水平运输。大坝混凝土水平运输设备主要采用 11 台 25t 自卸汽车（含备用 1 台）。

在施工高峰期，月浇筑混凝土达到 23.0 万 m^3（包含左岸标段）。经计算，每辆车装料、行驶、卸料约需 9～10min。每班按 7h 计，单车每班运输 42～46 车，即每班运输混凝土 378～414m^3，10 台车每班合计运输 3780～4140m^3 混凝土；每天合计运输 10800～11829m^3 混凝土，则 10 台车每月运输 270000～276750m^3 混凝土（每月按 25d 计算），自卸车的运输能力能够满足施工高峰期的混凝土运输要求（实际 8 台自卸车单班产量最高达到 4149m^3，日产 11300m^3）。

2）混凝土垂直运输手段。

A. 主坝 5～23 号（其中 5 号坝段为局部）坝段混凝土浇筑主要垂直吊运设备为业主提供的 6 台缆机 30t 平移式缆索起重机。

在施工高峰期，月浇筑混凝土达到 23.0 万 m^3（包含左岸标段）。经计算，每台缆机装料、行驶、卸料平均约需 7min。每班按 7h 计，单台缆机每班运输 60 罐，即每班运输混凝土 540m^3，6 台缆机每班合计运输 3240m^3 混凝土；每天合计运输 9257m^3 混凝土，则 6 台缆机每月运输 23.1 万 m^3 混凝土（每月按 25d 计算），6 台缆机的运输能力能够满足施工高峰期的混凝土运输要求。

B.1～5 号坝段混凝土浇筑垂直运输采用 1 台 M1500 塔机（塔机布置在 4 号坝段坝前开挖边坡高程 1210.00m。塔机中心距坝体高程 1200.00m 层轮廓线上游面约 17m，距右岸坝顶高线路左边缘水平距离约 42m）、1 台 MZQ1000 门机（门机布置在 R5 号坝段坝后高程 1160.00m 平台）和 1 台 TSD32 皮带输送机。

3）主要设备的布置及控制范围。右岸大坝标段混凝土施工机械设备布置及控制范围见表 10-21。

表 10-21　　　　　　　混凝土施工机械设备布置及控制范围表

名称型号	布置位置	控制范围	使用时段/(年-月)
1～6 号缆机	缆 0-030.4～缆 0+250.3	5～44 号坝段	2005-9—2010-8
M1500 塔机	4 号坝段坝前岸坡高程 1210m 马道上	1～5 号坝段	2008-6—2010-8
MZQ1000 门机	5 号坝段坝后高程 1160m	4～6 号坝段	2008-10—2009-10
TSD32 胎带机		4～6 号坝段	2008-10—2009-6

（2）原材料。为保证混凝土原材料质量，需严格控制原材料的进场检验，严把"两关"：一是检验试验关，水泥、粉煤灰、外加剂及其他外掺原材料进场都要附带出厂合格证和材料合格单，砂、石骨料加强使用前的检测，对需要复检的材料及时做好检验工作，不合格的材料坚决清退出混凝土拌和现场；二是使用关，保证材料在保质期内使用，不使用过期变质材料，对同种类不同规格材料要求认真做好标识，防止误用混用。

1）砂石骨料。小湾水电站工程砂石料源量较大，采用孔雀沟料场的砂石骨料能够满足要求。

孔雀沟石料场位于坝址左岸下游 1.4～1.8km 处，分布高程 1200.00～1700.00m，料场面积约 0.45km²。区内出露地层主要为时代不明变质岩系和第四系。岩性主要为黑云花岗片麻岩，角闪斜长片麻岩及二云斜长片麻岩。料区地形呈沟梁相间的地貌形态，但冲沟深浅不一，地形不完整。料区发育的冲沟主要为瓦斜路沟，其呈 NNE 向分布，在其右侧发育有两条 NE 向支沟，左侧为山脊。山脊部位地形坡度一般为 30°～35°，山脊两侧山坡坡度为 30°～40°。料场高程 1324.00m 以上有用层储量为 951 万 m³，高程 1324.00m 以下无用料剥离量为 599.55 万 m³，满足施工要求。

2）水泥。工程中使用的水泥主要由试验配合比来确定水泥的型号，小湾水电站使用的水泥包括云南红塔滇西水泥厂供给的 42.5 级中热硅酸盐水泥，祥云建材（集团）有限集团责任公司供给的 42.5 级中热硅酸盐水泥。

使用水泥为 42.5 级中热硅酸盐水泥，水泥质量经现场检验应满足国家标准的条件下，还对水泥比表面积、28d 强度、碱含量、氧化镁含量提出了更严格的控制要求，比表面积要求不高于 340m²/kg，不低于 250m²/kg，碱含量不得超过 0.6%，氧化镁含量控制在 3.8%～5.0%，28d 抗压强度不低于 46.5MPa，抗折强度不低于 7.5MPa。出厂水泥都应附有出厂合格证，进入拌和机的水泥温度不应超过 60℃。

3）粉煤灰。小湾水电站使用的粉煤灰为宣威电厂生产的 I 粉煤灰。粉煤灰质量经现场检验应满足《用于水泥和混凝土中的粉煤灰》（GB/T 1596—2005）等标准的有关规定。出厂粉煤灰都应附有出厂合格证，每批 200t 或不足 200t 及改变料源时，按照有关粉煤灰检验的要求进行细度、烧失量、需水量比、碱含量、三氧化硫含量等物理化学性能检验。

4）外加剂。小湾水电站使用的外加剂包括北京利力科技开发有限公司的引气剂，江苏博特、浙江龙游的减水剂。选用的减水剂和引气剂均满足《混凝土外加剂》（GB 8076—2008）性能要求。

A. 减水剂。每月进行固含量试验、总碱量试验，另每班至少检测 1 次减水剂溶液浓度，必要时将进行加密检测。

B. 引气剂。每月进行起泡高度试验、消泡时间试验、表面张力试验，严格控制溶液配制浓度，以上试验项目必要时将进行加密检测。

5）水。混凝土拌和用水必须符合饮用水标准，无污染，按《水工混凝土施工规范》（DL 5144）的规定。

6）钢筋工程。水工钢筋混凝土常用的钢筋为热轧Ⅰ～Ⅳ级钢筋，其中Ⅰ级为光圆钢筋（R235），Ⅱ级（HRB335）、Ⅲ级（HRB400）、Ⅳ级（HRB500）钢筋为带肋钢筋。小湾水电站采用Ⅰ级～Ⅲ级钢筋。

7）模板。小湾水电站大坝施工中，其中永久外表面采用全悬臂平面钢模板为主，半悬臂平面钢模板为辅；进水口渐变段、出水口渐变段等特殊部位采用定型异型组合钢模板；电梯井采用整体提升模板；其中，对于没有底部支撑位置结构采用在相邻部位埋设定位锥，定位锥上安装托架，托架上安装桁架及模板；其余部位均按照常规模板进行配置。

10.3 长洲水利枢纽中江闸坝混凝土工程施工规划

10.3.1 概述

广西长洲水利枢纽工程位于珠江流域西江水系干流浔江下游河段，其坝址坐落于梧州市上游12km处的长洲岛与泗化岛之间。是一座以发电为主，兼有航运、灌溉和养殖等综合利用效益的大型水利枢纽。水电站总装机容量为630MW，保证出力247.0MW，年发电量30.143亿kW·h，采用15台灯泡贯流式发电机。长洲水利枢纽工程上游视图（部分）见图10-12。

图 10-12 长洲水利枢纽工程上游视图

长洲水利枢纽工程主要建筑物从右到左为外江右岸土石坝段、双线船闸、外江右岸接头重力坝段、外江16孔泄水闸、外江厂房、过鱼道、中江右岸接头重力坝段、中江15孔泄水闸、中江左岸接头重力坝段、长洲岛土石坝段、内江右岸接头重力坝段、内江12孔泄水闸、内江厂房、内江左岸接头重力坝段、及中江左岸土石坝段等。坝顶全长3350m，坝顶高程34.80m，最大坝高49.80m。

本案例以长洲水利枢纽工程中江闸坝为例，描述典型闸坝混凝土工程规划。长洲水利枢纽工程中江闸坝全长287.75m，共布置15孔泄水闸，从左至右依次为：4孔面流消能闸孔、5孔底流消能闸孔、6孔面流消能闸孔。建基面最低高程−10.00m，坝顶高程34.40m，最大坝高44.40m。长洲水利枢纽工程中江平面见图10−13。

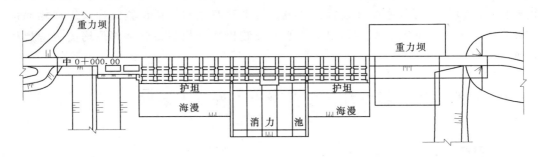

图10−13 长洲水利枢纽工程中江平面图

10.3.2 施工布置

本案例施工规划前提是长洲水利枢纽工程外江与内江相应设施资源已规划并实施。

10.3.2.1 交通布置

（1）场外交通。根据长洲水利枢纽工程总体规划，由于外江、内江对外交通系统已经全部形成，具备各种重型车辆及大型构件的运输条件，完全满足中江施工期间各种物资和设备的运输。

（2）场内交通。

1）发包人提供交通。外江自右岸坝头与南梧二级公路连接的对外公路为右岸的主要交通道路，且为右岸永久上坝公路。内江自左岸坝头与现有梧州市永久公路（玫瑰湖路）连接的对外公路为左岸的主要交通道路，且为左岸永久上坝公路。

中江施工场内交通运输可由场内施工道路经长洲岛、内江上游围堰连接左岸永久上坝公路，也可通过外江坝顶连接右岸永久上坝公路。在2007年5月底内江坝顶具备通车条件后，直接由内江坝顶连接左岸永久上坝公路。

2）场内自建道路。根据本工程施工特性及现场实际情况，中江前期截流及围堰填筑临时施工道路已经形成，具备各种大型机械设备行走条件，道路特性见表10−22，中江基坑初期排水完成后再修建4条半永久施工道路，供中江基坑开挖、混凝土运输及左右岸交通用，道路特性见表10−23。

10.3.2.2 风、水、电及排水布置

（1）施工用电。中江供电主要供开挖、混凝土浇筑、导截流施工及基坑排水等。负荷总容量为2460kW。根据负荷总容量配置4台厢式变（包括4台门机本体所带2台变压

器），总容量 3060kVA，能够满足本工程用电要求。

表 10-22 中江截流与围堰施工道路特性表

编号	起点—经过—终点	长度/m	路面宽度/m	坡比/%	路面结构	备 注
R1	中江右岸上游—右岸上游戗堤堤头	200	12	8.5	碾压混凝土	右岸上游围堰戗堤进占施工道路
R2	中江左岸防洪堤—左岸上游戗堤堤头	150	12	9.0	碾压混凝土	左岸上游围堰截流及围堰填筑施工道路
R3	中江右岸下游—右岸下游戗堤堤头	260	12	8.5	泥结石	右岸下游围堰进占施工道路
R4	中江左岸防洪堤—左岸下游戗堤堤头	140	12	8.5	碾压混凝土	左岸下游围堰进占及围堰填筑施工道路

表 10-23 中江施工后期自建施工道路特性表

编号	起点—经过—终点	长度/m	路面宽度/m	平均坡比/%	路面结构	备 注
L1	中江左岸重力坝—上游围堰左岸堰头—中江基坑上游侧	325	12	8.5	石渣硬化	泄水闸上游、左岸重力坝等开挖及混凝土运输道路
L2	中江右岸重力坝—上游围堰右岸堰头—中江基坑上游侧	145	9	10	石渣硬化	中江泄水闸、右岸重力坝开挖及混凝土运输道路
L3	中江左岸重力坝—下游围堰左岸堰头—中江基坑下游侧	330	12	7	石渣硬化	泄水闸下游护坦、消力池开挖及混凝土运输道路
L4	中江左岸重力坝—上游围堰背水侧高程13.00m马道—中江右岸	680	9		石渣硬化	中江左右岸交通

（2）施工用风。混凝土工程施工用风主要根据建筑物的布置、施工特点及施工程序，采用 25m³ 移动式风站供应。

（3）施工用水。用水主要为生活用水及施工用水。生活用水利用租用供水系统解决；施工前期用水主要为防渗板墙施工用水，直接从中江抽取。混凝土浇筑期间用水主要为仓面冲洗、养护、冷却等用水，用水总量为 120m³/h。利用已规划的沿右岸施工主干线公路的施工供水主管路，接引 DN150 供水主管经外江厂房坝顶至中江基坑，各工作面用 DN50 支管供水。

（4）施工排水。排水系统主要由边坡坡脚排水沟、施工区内截排水沟构成，其中位于闸坝部位的截排水沟为装有黏土的编织袋码放、坡脚排水沟为开挖槽沟。基坑内排水沟根据基坑渗水部位修筑，将渗水引入开挖面以外集水坑，采用水泵抽排至基坑外。

10.3.2.3 施工通信与照明

（1）施工通信。施工通信主要包括对内通信和对外通信。

1）对外通信。对外通信采用当地电信部门提供的5部程控电话和手机对外沟通。

2）对内通信。内部通信配置1台20门程控交换机，接20部有线电话，作为系统内各管理部门、辅助车间、施工作业队、发包人、监理人和设计之间的厂内通信联络。

另配置40部无线对讲机辅助内部通信。

（2）施工照明。为了满足大面积施工照明的要求，分别在上下游、左右岸各布置2台3.5 kW的镝灯，各施工部位分别布置镝灯和碘钨灯，其照明度规定数值lx（勒克斯）见表10-24。

表10-24　　　　　　　　照明度规定数值lx（勒克斯）表

序号	作业内容和地区	照明度/lx	序号	作业内容和地区	照明度/lx
1	一般施工区、开挖和弃渣区、场内交通道路、堆料场、运输装载平台、临时生活区道路	30	4	一般地下作业区	50
			5	安装间、地下作业掌子面	110
2	混凝土浇筑区、加油站、现场保养场	50	6	一般施工辅助工厂	110
3	室内、仓库、走廊、门厅、出口过道	50	7	特殊的维修车间	200

10.3.2.4　生产辅助设施

（1）综合加工厂。综合加工厂主要用于钢筋工厂、木材加工、模板加工堆放等用途，考虑到中江钢筋加工量不大（总量约为6800t，高峰月钢筋加工量为1000t），待中江进入施工高峰期间，此时内江工程混凝土已接近尾声（2007年5月底具备挡水条件），故不再考虑在中江设置综合加工厂，现有综合加工厂具备1500t/月钢筋的加工能力，同时异型模板加工量不大，该加工厂可完全满足中江各种材料加工需求。钢筋加工厂位于内江左岸上游侧，木材加工厂位于指挥中心部位。综合加工厂主要技术特性见表10-25。

表10-25　　　　　　　　综合加工厂主要技术特性表

序号	项目	单位	钢筋加工厂	木材加工厂
1	生产能力	m^3（t）/班	40	5
2	生产班制	班	2	1
3	设备总台数	台	12	4
4	用电设备容量	kW	154.2	19.8
5	生产人员	人/班	42	10

（2）施工机械停放保养厂。中江工程机械停放保养场共设置2个，大型修理主要利用内江工程已形成的修理厂。中江左岸长洲岛范围内布置1个停车场，可满足施工机械、车辆的保养、停放需要。

内江机械停放保养场占地面积2000m²，建筑面积150m²。新建场地位于左岸长洲岛上，占地面积2500m²，建筑面积120m²。

（3）预制厂。根据工程设计和施工进度要求，中江工程需设置混凝土预制场地。预制混凝土总量为3747m³，中江混凝土预制厂占地面积1.5万m²，预制厂由预制场地及成品堆放场地两部分组成。为便于混凝土运输及预制件运输，预制厂布置在长洲岛中江副坝高程 25.00m 临时平台，待预制件吊装完成后，及时填筑长洲岛副坝。施工场地采用石渣、砂砾石进行硬化。办公室及值班室采用可拆移的活动板房，建筑面积共计 54m²。

10.3.2.5 砂石加工系统

（1）砂石料来源。砂石料加工系统毛料主要为河道天然物，经开采和运输至砂石料加工系统毛料受料仓，供系统加工处理。毛料供应需满足加工系统设计生产能力的要求，确保成品骨料供应正常。

（2）砂石加工系统生产能力。左岸砂石系统粗骨料设计加工能力为 580t/h，砂料设计加工能力为 120t/h，为了调配天然级配，砂石加工系统采用两段闭路破碎（中碎、细碎）。

（3）砂石加工系统组成。左岸砂石加工系统主要由河卵石毛料仓、河沙毛料仓、河卵石毛料堆、河沙毛料堆、粗骨料预筛分、中碎车间、筛分车间、细碎车间、砂筛分车间、成品骨料堆、成品砂料堆等组成。

（4）生产工程量。本工程所需砂石料工程量见表 10 - 26。

表 10 - 26 砂 石 料 工 程 量 表

编 号	项 目	单 位	工程量
（1）	成品骨料		
1）	80～40mm	t	369307.3
2）	40～20mm	t	301911.4
3）	20～5mm	t	254476.8
（2）	成品砂	t	337114.3

（5）机械强度验算。按照工期安排和砂石设备加工能力，影响骨料加工进度的主要因素是砂砾石的筛分强度。天然砂石加工系统的处理能力为 580t/h，则月最高生产强度为 580t/h×24×0.75×22d＝26 万 t/月，设备的利用率按 75％计算，每月按 22d 计，结合本工程月高峰期混凝土强度要求，可以满足主体工程施工需要。

10.3.2.6 混凝土拌和系统

长洲水利枢纽采用 HL240 - 2S3000LR 强制式混凝土拌和楼，布置在左岸，理论最大生产率为 240m³/h，以主体混凝土最大月浇筑强度进行设计，骨料均由左岸砂石加工系统提供，生产强度及产品质量均满足主体混凝土施工要求。HL240 - 2S3000LR 强制式混凝土拌和楼性能参数见表 10 - 27。

表 10 - 27 HL240 - 2S3000LR 强制式混凝土拌和楼性能参数

项 目	数 据
常态混凝土生产能力/(m³/h)	240
预冷混凝土生产能力/(m³/h)	90（7℃）
碾压混凝土生产能力/(m³/h)	200
主机型号	MAO6000/4000
混凝土出料/m³	2×6 混凝土储料斗，双弧门出料

项 目	数 据
搅拌大骨料粒径/mm	150
搅拌电机功率/kW	2×75（2台）
楼顶骨料仓容量/m³	粗骨料 4×130；细骨料 2×65
骨料配料能力/(t/h)	1000
粉料仓容量及数量/(t/h)	3×100
粉料螺旋输送机/(t/h)	80
卸料高度/mm	4500（双车道双线出料）
整机功率/kW	约 430（不含上料胶带机及冷风机）

10.3.3 施工进度

（1）施工总进度。长洲水利枢纽工程建设总工期为 23 个月，施工期为 2006 年 12 月 13 日至 2008 年 10 月 31 日。

（2）施工总进度说明。

2007 年 5 月初至 6 月底完成左右岸重力坝及泄水闸基础开挖。

2007 年 5 月底开始泄水闸混凝土浇筑，2008 年 4 月底泄水闸混凝土浇筑全部完成。

2007 年 6 月中旬开始左右岸重力坝混凝土浇筑，2007 年底左右岸重力坝混凝土浇筑全部完成。

2007 年 8 月初开始左岸护坡施工，2008 年 4 月底左岸护坡全部完工。

（3）控制性节点工期。长洲水利枢纽工程合同控制节点工期与计划完工日期对照见表 10-28。

表 10-28 合同控制节点日期与计划完工日期对照表

序号	工程项目及其说明	投标阶段要求开工日期/（年-月-日）	投标阶段要求完工日期/（年-月-日）	实际（计划）开工日期/（年-月-日）	计划完工日期/（年-月-日）
1	中江泄水闸混凝土浇筑	2007-5-15	2008-4-30	2007-5-30	2008-2-29
2	中江闸坝启闭机排架柱到顶		2008-4-30		2008-4-30
3	中江左右岸重力坝混凝土浇筑	2007-6-15	2007-12-31	2007-6-15	2007-12-31

（4）施工关键线路。根据编制的 P3 施工进度图分析，中江施工的关键线路如下：工程开工→中江截流、闭气、防渗→中江重力坝、泄水闸开挖→中江重力坝、泄水闸混凝土浇筑→中江泄水闸启闭机室混凝土浇筑→中江泄水闸工作门启闭机就位→中江泄水闸工作闸门安装→中江围堰拆除→工程完工。

（5）混凝土施工强度指标。混凝土高峰月浇筑强度：3.5 万 m³/月（发生时间：2007 年 8 月）。

10.3.4 施工方案

在左右岸重力坝坝前各布置 1 台 MQ600 型门机和泄水闸坝前的 2 台 SDMQ1260 型门

机，同时吊 3～4.5m³ 罐送料入仓，满足各部位混凝土浇筑需求。混凝土浇筑均在非高温季节施工，温控条件较好。最大仓面面积为 601.0m²，分层厚度为 1.0m，平铺法通仓浇筑，铺料厚度 50cm，采用 2 台门机吊运拌和料入仓，可满足强度要求。

10.3.5　主要资源配置

（1）混凝土水平运输机械设备。混凝土水平运输主要采用 15t 或 20t 自卸汽车；预制混凝土、启闭机排架、二期混凝土及坝顶梁板预制混凝土水平运输等采用 6m³ 搅拌运输车。

（2）混凝土垂直运输机械设备。左、右岸重力坝上游各布置 1 台 MQ600 型门式起重机，采用 3m³ 或 4.5m³ 卧罐吊运混凝土入仓；泄水闸坝段在坝前布置 2 台 SDMQ1260 门式起重机。采用 4.5m³ 或 6m³ 卧罐吊运混凝土入仓；左岸护坡混凝土利用搅拌车及溜槽入仓。

混凝土运输机械设备配置见表 10－29。长洲水利枢纽工程中江设备布置立面见图 10－14。

表 10－29　　　　　　　　混凝土运输机械设备配置表

工程部位	垂直运输	水平运输
泄水闸	坝前 2 台 SDMQ1260 门式起重机 坝后 1 台布料机、2 台长臂反铲	12 辆自卸汽车 2 辆搅拌运输车
右重力坝	坝前 1 台 MQ600 门式起重机	4 辆自卸汽车
左重力坝	坝前 1 台 MQ600 门式起重机	4 辆自卸汽车
左岸边坡	溜筒溜槽	2 辆搅拌运输车
土坝路面		2 辆搅拌运输车

（3）施工机械控制范围及承担工程量。根据施工进度计划安排及施工布置，混凝土施工机械设备控制范围及承担的施工工程量见表 10－30。

表 10－30　　　　　　混凝土施工机械控制范围及承担的施工工程量表

编号	名称型号	布置位置 /m	控制范围	承担工程量 /m³	使用时段 /（年-月）
1 号	MQ600	中上 0＋015.00	右重力坝	39203.4	2007－6—2008－6
2 号	MQ600	中上 0＋015.00	左重力坝	53461.6	2007－6—2008－6

坝前布置的两台 SDMQ1260 门式起重机主要控制泄水闸坝段混凝土施工。

（4）原材料。

1）主体原材料。长洲水利枢纽所用钢材、水泥、粉煤灰、混凝土外加剂（减水剂和泵送剂）均由发包人提供，部分主材需由承包人进行复检，若出现不合格产品，经监理确认，可禁止使用；砂石骨料由左岸砂石加工系统提供粗细骨料，在本工程施工期间，不得自行加工粗细骨料。

2）模板。中江主体工程模板具有形状复杂、工作量大、制作及安装精度要求高、使用周期长、模板支撑量大等特点。为提高混凝土浇筑和外观质量，针对不同部位设计制作

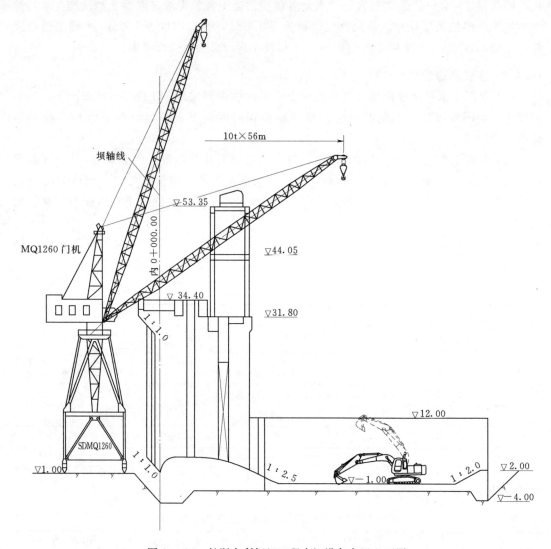

图 10-14　长洲水利枢纽工程中江设备布置立面图

不同类型的模板。模板类型主要有多卡模板、滑模、特殊结构的异型模板及小型散钢模板四种形式。

10.4　溪洛渡水电站地下厂房混凝土工程施工规划

溪洛渡水电站枢纽由拦河大坝、泄洪建筑物、引水发电建筑物等组成。拦河大坝为混凝土双曲拱坝，发电厂房为地下式，分设在左、右两岸山体内，各装机 9 台单机容量 776MW 的水轮发电机组，总装机容量 13860MW。

10.4.1　概述

溪洛渡水电站右岸地下厂房系统布置在右岸山体内，根据招标文件合同项目划分，右岸地下厂房系统洞室群包括：主副厂房及安装间、空调机房、尾水管及尾水管连接洞、主变室、母线道、出线平洞和竖井、厂区防渗灌浆廊道、排水廊道及其交通洞工程、进厂交通洞、主变交通洞、联系洞等。

右岸厂房混凝土主要分为主机间、安装间、副安装间、副厂房、组合空调房、集水井及肋拱吊顶等部位，建基面最低高程 324.50m（集水井），最高高程 403.40m（肋拱吊顶）。主机间结构从下至上依次为肘管层、锥管层、蜗壳层、电气夹层和发电机层结构混凝土，以及发电机层以上构造柱、联系梁、吊顶牛腿和肋拱吊顶混凝土等。具有结构复杂，预留孔洞、管路和埋件繁多，技术要求高，施工难度大的特点。

溪洛渡水电站设左、右岸两个地下厂房，本案例主要讲述右岸地下厂房混凝土施工规划。溪洛渡水电站右岸地下厂房平面见图 10-15。

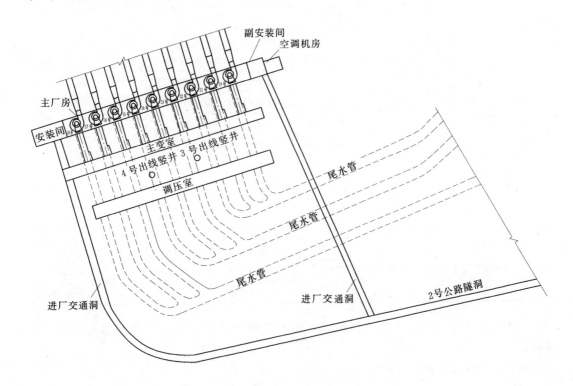

图 10-15　溪洛渡水电站右岸地下厂房平面图

10.4.2　施工布置

10.4.2.1　交通布置

（1）右岸场内交通线。右岸场内交通线主要包括：右岸低线公路、2 号（含 201 号、202 号、203 号支线公路）、4 号（含 401 号、402 号、403 号支线公路）、6 号、8 号、10 号、12 号、14 号、16 号、18 号、20 号、22 号、24 号、尾调交通洞等，总长 32.46km，其中明路 19.18km，隧洞 13.28km。右岸场内公路特性见表 10-31。

表 10-31　　　　　　　　　　　右岸场内公路特性表

序号		公路编号	道路等级	路面型式	路面宽/m		长度/m		
					路面	路基	明段	隧洞	小计
一、右岸干线公路	1	2 号	矿山二级	混凝土	10.5	12.0	1416	3784	5200
	2	4 号	矿山二级	混凝土	10.5	12.0	4186	3064	7250
	3	6 号	矿山二级	混凝土	10.5	12.0	2248		2248
	4	8 号	矿山三级	混凝土	7.5	9.0	3462		3462
	5	10 号	矿山三级	混凝土	7.5	9.0	715		715
	6	12 号	矿山二级	混凝土	10.5	12.0	941	619	1560
	7	16 号	矿山二级	混凝土	10.5	12.0	1942	1037	2979
	8	22 号	矿山三级	混凝土	6.5	8.0	384		384
	9	24 号	矿山二级	混凝土	10.5	12.0	663		663
	10	右岸低线公路	山重四级	泥结碎石	10.5	12.0	2480		2480
二、右岸支线公路	1	14 号	矿山二级	混凝土	10.5	12.0		512	512
	2	18 号	矿山二级	混凝土	10.5	12.0		712	712
	3	20 号	矿山四级	混凝土			743	556	1299
	4	201 号	矿山二级	混凝土	10.5	12.0		396	396
	5	202 号	矿山二级	混凝土	10.5	12.0		380	380
	6	上游围堰支线	矿山二级	混凝土	10.5	12.0		808	808
	7	401 号	矿山二级	混凝土	9	10.5		194	194
	8	402 号	矿山二级	混凝土	9	10.5		149	149
	9	403 号	矿山二级	混凝土	9	10.5		194	194
	10	尾调交通洞	矿山三级	混凝土	9	11.4		877	877
合　计							19180	13282	32462

（2）跨江大桥。坝区共有 4 座桥梁，即上游前期桥和临时桥及下游永久大桥和还建桥。

坝区桥梁特性见表 10-32。

表 10-32　　　　　　　　　　　坝 区 桥 梁 特 性 表

序号	桥梁名称	桥面最低高程/m	行车道宽度/m	桥面长度/m	荷载等级	限速要求/(km/h)	备注
1	上游临时桥	443.00	4.5	297	汽—54，挂—100	≤10	并行索道桥
2	上游前期桥	408.00	4.5	265	汽—54，挂—100	≤10	单行索道桥
3	溪洛渡永久大桥	438.00	10.5	388	汽—80，挂—400	≤30	钢筋混凝土桥
4	下游还建桥	408.00	4.5	375	汽—54，挂—100	≤10	单行索道桥

（3）主要施工道路布置。

1）施工道路布置。结合右岸地下厂房结构及施工情况，施工道路布置分三部分：

A. 下部施工通道。厂房下部混凝土施工通道布置：2号公路隧洞 → 下3支洞 → 下3-2支洞 → 尾水管 → 厂房肘管下部。

B. 中部施工通道。厂房中部混凝土施工通道布置：2号公路隧洞 → 中2支洞（或中1支洞）→ 下2支洞（下1支洞）→ 下2-1支洞 → 引水下平洞 → 厂房肘管层上部、锥管层和蜗壳层。

C. 上部施工通道。厂房上部混凝土施工通道布置有两条：第一条为2号公路隧洞 → 中2支洞（或中1支洞）→ 主安装间（副安装间）→ 厂房主机间；第二条为2号公路隧洞 → 中2支洞（或中1支洞）→ 主变室 → 母线洞 → 厂房主机间。

2）施工交通。内部施工交通采用垂直钢梯、爬梯、人行便桥、交通马道及简易爬梯等形式，要确保施工交通便利、安全可靠。

10.4.2.2 风、水、电及排水布置

（1）供水系统布置。

1）生活供水由发包人供应至发包人提供的施工生活营地。

2）生产用水采用左、右岸供水相结合的布置方式。根据总进度计划安排及混凝土浇筑时段，大坝施工用水分为前、后期施工供水。

A. 大坝前期（高程470.00m以下）施工供水布置：大坝前期高峰用水量为1133m³/h（其中混凝土浇筑养护498m³/h、坝后移动式冷水站按循环水量的15%～20%计补充水量325m³/h、基础处理300m³/h、其他10m³/h）。大坝前期供水主要利用业主为大坝低线施工提供的供水条件，在下游围堰左右岸堰头从DN450mm/DN600mm供水管上接水。

B. 大坝后期（高程470.00m以上）施工供水布置：后期供水采用从业主提供的高位水池供水管网接水口引主供水管。大坝后期高峰用水量为1071m³/h（其中混凝土浇筑养护527m³/h、坝后移动式冷水站按循环水量的15%～20%计补充水294m³/h、基础处理240m³/h、其他10m³/h）。

（2）施工用电规划。大坝工程施工、高线混凝土系统、混凝土冷却制冷水厂等由大坝35kV变电站提供11回10kV出线间隔（每回路容量4000kVA），左岸施工工厂用电在就近的10kV公用线路上接线，缆机10kV电源由发包人提供至左、右岸缆机平台。

（3）用风规划。主体混凝土施工用风项目主要有混凝土浇筑、基础处理、混凝土生产系统等。除混凝土生产系统外，供风设施采用移动式空压机。

1）混凝土生产系统用风由系统内固定空压站提供。

2）在大坝左右岸坝后贴角混凝土面各布设一座临时空压站，随坝体上升逐步上移，空压站容量20～40m³/min，以满足大坝仓面施工临时供风的需要。

（4）排水布置。在上游围堰堰脚、大坝坝踵以及下游围堰堰脚布置集水井和废水沉淀处理池，分别汇集各部位的渗水和施工废水。在坝踵处集水井汇集的施工废水通过污水泵抽排至下游堰脚废水沉淀处理池，经处理达标后向下游排放。上游围堰堰脚布置一个18m×5m×3m集水池和两个24m×7m×3m沉淀处理池。施工废水通过污水泵排往沉淀处理池，沉淀处理达标后的通过SLO150-570（1）型和SLO350-640-D型水泵排往上游。下游围堰堰脚布置一个5m×5m×3m集水井和两个8m×8m×4m沉淀处理池。施工废水通过污水泵排往沉淀处理池，沉淀处理达标后的通过1台SLO150-570（1）型、1台

SLO350-640-D型和2台SLO100-260（Ⅰ）-B水泵排往下游。

10.4.2.3　施工通信及照明

（1）施工通信。

1）对内通信。

A. 发包人在溪洛渡工程区建有内部程控交换机，在黄桷堡、杨家坪和花椒湾、三坪营地办公楼设有机房，并在各个施工营地开通放号。发包人在豆沙溪沟35kV箱变、左岸5万t生产水厂边、4号交通洞出口处、右岸缆机平台及溪洛渡沟生活水厂附近共向本工程施工提供溪洛渡工程内部电话10对电缆接线端。左岸加工厂、溪洛渡沟加工厂分别向发包人报装2部电话。

B. 在花椒湾办公生活区和高线混凝土生产系统各设立1套分机系统，花椒湾生活区安装200部分机，为办公生活区、金属结构和钢衬加工厂、试验室等提供内部通信；高线混凝土生产系统安装100部分机，为高线混凝土生产系统、缆机、大坝施工指挥中心、水泵站、值班室等提供内部通信。各分机系统分别通过2对线与发包人提供的施工通信系统中继连接，实现2个分机系统之间、发包人内部通信系统与各分机系统之间的相互通信。水泵站、空压站、冷水机组等噪声干扰较大的场地电话装设合适的蜂鸣器或灯光指示，以便在工作时能引起人员足够的注意。

C. 为满足较远的施工场地以及流动用户的通信需要，配置一套900MHz无线电话设备，申请2～3个信道，80部手持式无线对讲机构成无线通信网，保证通信便利、畅通。

2）对外通信。在办公生活区和前方指挥中心共申请10～15部长途电话，并申请移动或联通用户作为对外联系工具。

（2）施工照明。

1）地面场地照明。大坝施工、上下游围堰施工采用太阳灯灯塔（10kW）安装在左右岸山坡，左右岸交叉投射，实现远距离大面积照明，没有照射到的施工区，在就近的山坡或栈桥钢结构上安装投光灯或镝灯，近距离照明采用碘钨灯、白炽灯，充分保证施工区的照明度，确保施工安全。

供料平台、缆机平台、高线混凝土生产系统、施工机械停放场、堆放场、渣场等比较宽阔的场地照明以泛光灯集中照明为主，采用装配式灯塔，每个灯塔上装设1～2个可自由调整照射范围的投光灯或镝灯，局部区域辅以碘钨灯、白炽灯加强照明，道路照明选用防水型高压钠灯。

2）地下洞室内照明。洞室内施工照明、在潮湿和易触及带电体场所的照明供电电压采用36V安全电压，由附近配电所供电，设置独立的照明供电回路，采用照明变压器将380V或220V电压降为36V供电，照明主线采用低压电缆。照明灯具选用专用于隧洞照明的灯具，电源线路沿洞内壁敷设。配备一定数量的带蓄电池应急灯，在突然停电时保证洞室照明，交通畅通。在不便于使用电器照明的场所采用矿工灯、冲气灯等特殊照明工具。

10.4.2.4　场地规划

根据施工布置总体规划和各场地特点，对各施工场地具体规划如下：

场地-A：该场地位于3号公路进洞口，场坪高程约590.00～593.00m。主要布置钢筋加工厂、木材模板加工修理厂和钢筋、木材堆料场。

场地－B：该场地位于溪洛渡沟，场坪高程 522.00m 和高程 528.00m。主要布置金属结构加工厂、机修汽修厂、修配厂、预制混凝土构件加工厂、仓储系统、施工机械设备停放场等。

场地－C：该场地位于基坑内，为水垫塘左、右岸高程 413.00m 马道坝 0＋200 的上游段，高程 413.00m。拟布置坝后移动式冷水机组和前方就餐房，班组工具房等生产辅助设施，同时作为大坝混凝土施工时部分模板、钢筋上坝的塔机起吊平台。

高线混凝土系统布置场地：位于右坝头下游，高程 595.00～705.00m，为高线混凝土系统布置场。

施工用地计划见表 10－33。

表 10－33　　　　　　　　　　　施工用地计划表

序号	用地名称	位　置	用　途	场地面积 /m²	使用时间
1	场地－A	3号公路进洞口、高程 590.00～593.00m	布置钢筋加工厂、木材模板加工修理厂、钢筋和木材堆放场等	14000	2008年1月 至本工程结束
2	场地－B	溪洛渡沟填筑区、高程 522.00m 和高程 528.00m	布置机修汽修厂、修配厂、机电物资仓库、袋装材料仓库、预制混凝土构件加工厂、施工机械设备停放场、金属结构加工厂、地磅房等	72000	2008年1月 至本工程结束
3	场地－C	水垫塘左右岸、高程 413.00m 马道坝 0＋200.00 上游段	布置移动式冷水站、前方就餐房、工具房等	4000	2009年6月 至本工程结束
4	高线混凝土系统布置场地	右坝头下游、高程 595.00～705.00m	布置高线混凝土系统	35000	本工程开工 至本工程结束
5	其他	左、右岸施工区内	制浆系统、骨料输送系统、前方生产指挥所、施工（风、水、电）系统、临时施工道路、移动式冷水站、截流指挥部及卫生设施等	60000	
6	总计			185000	

10.4.2.5　生产辅助设施

（1）综合加工厂。综合加工厂布置在左岸 A 场地内，地面高程 590.00～593.00m，内设钢筋加工厂、木材模板加工修理厂。

1）钢筋加工厂。钢筋加工厂主要担负总量约 4.0 万 t 的钢筋加工以及锚索编索加工任务，其生产方式按两班制生产，高峰时三班，生产能力 30t/班。钢筋加工厂主要经济技术指标见表 10－34。

表 10 - 34 钢筋加工厂主要技术经济指标表

序　号	项　目	单　位	数　量
1	生产能力	t/班	30
2	占地面积	m²	5800
3	设备总台套	台套	60
4	设备总容量	kW	350
5	生产班制	班/d	2
6	生产人员	人	98

　　厂内设钢筋、锚索加工厂、钢筋调直加工车间、原材料库、成品堆放场、钢筋直螺纹加工车间、工具库房及值班室。钢筋原材料库按本工程施工高峰期 30d 的需用量约 1200t 考虑其面积，规划占地面积约 2000m²。办公室设在公用区内，工具库房及值班室采用砖混结构房屋。厂房采用轻型钢结构活动厂房，总建筑面积 1530m²，总占地面积 5800m²。

　　为便于作业，原材料仓库、钢筋加工间、钢筋对焊点焊间、钢筋直螺纹加工车间、成品料堆场采用直线布置。厂区布置 1 台 10t 龙门吊，以利于钢筋卸车、加工及成品吊装。

　　2）木材模板加工修理厂。木材模板加工修理厂生产方式按两班制考虑。生产能力 30～50m²/班（其中木模板加工能力为 20～30m²/班、钢模板加工修理能力为 10～20m²/班）。

　　木材模板加工修理厂主要技术经济指标见表 10 - 35。

表 10 - 35 木材模板加工修理厂主要技术经济指标表

序　号	名　称	单　位	数　量
1	木模板生产能力	m²/班	20～30
2	钢模板加工修理能力	m²/班	10～20
3	占地面积	m²	3500
4	设备总台套	台套	32
5	设备总容量	kW	280
6	生产人员	人	80

　　木材模板加工修理厂布置在场地—A 范围内，地面高程 590.00～593.00m。厂内设模板加工及修配车间、锯木车间、木模板加工车间、组装车间、原木及成品堆放场、工具房及值班室。为防止发生火灾，在厂区内设消防水池，布设专用消防水管（φ80mm 钢管），设消火栓、消防软管、泡沫灭火器及消防砂袋等。木材模板加工修理厂总建筑面积为 1220m²，占地面积 3500m²。厂区配置 1 台 8t 汽车吊，以利于木材卸车、加工吊装。

　　（2）预制混凝土构件加工厂。预制混凝土构件加工厂主要承担本工程坝顶电缆沟预制混凝土盖板、坝顶交通桥预制混凝土梁、坝顶门机轨道梁及其他小型预制构件的加工任务。采用二班制生产，生产规模为 220m³/月。交通桥长度约 25.4m 的大梁在坝顶适当位置现场预制，但需征得发包人同意。另外，预制混凝土构件加工厂前期担负临建工程混凝土预制件加工任务。

预制混凝土构件加工厂主要经济技术指标见表 10 - 36。

表 10 - 36　　　　　　　　预制混凝土构件加工厂主要经济技术指标表

序　号	项　　目	单　位	数　量	备　　注
1	生产能力	m³/月	220	
2	设备台套	台套	35	
3	设备用电容量	kW	90	
4	生产人员	人	56	两班制
5	占地面积	m²	3200	

预制混凝土构件加工厂布置在场地－B 范围内，地面高程 528.00m。其生产所需混凝土除临建工程由塘房坪武警混凝土系统生产外，其余均由高线混凝土系统生产，采用混凝土专用运输车运输。预制件生产所需钢筋、模板等半成品分别由钢筋、木材模板加工修理厂提供，混凝土预制件厂设半成品间、钢筋绑扎、焊接车间和细模拼装车间。建筑面积192m²，占地面积 3200m²。

预制混凝土构件加工厂在厂内设 1 台 30t 龙门式起重机，负责钢筋、预制构件的卸料、装车、转移、混凝土浇筑等，超重件吊运由 45t 汽车起重机负责。

（3）机修汽修厂。机修汽修厂主要承担投入施工的施工机械、各种汽车的大、中修理、检修、维修、二级保养，故障处理等任务。生产规模为：10 万工时/年。机修汽修厂主要技术经济指标见表 10 - 37。

表 10 - 37　　　　　　　　机修汽修厂主要技术经济指标表

序　号	名　　称	单　位	数　量
1	占地面积	m²	2500
2	生产班制	班/d	2
3	设备总台套	台套	25
4	设备总容量	kW	225
5	人员	人	76

机修汽修厂设在场地－B 范围内。地面高程 522.00m。厂内设机械修配间、发动机修理间、清洗检验配套间、底盘修理间、加工区、轮胎检修间、工具材料库、值班室等。总建筑面积 1140m²，占地面积 2500m²。施工机械设备停放场紧邻机修汽修厂，占地面积为 7500m²。

（4）修配厂。修配厂主要承担电气设备、钎具修配及非标零配件、止水片、止浆片、各种管道的加工、部分钢模板加工修配任务。生产能力：钢模板加工修配 10～20m²/班；管道加工：200 m/班；电气修配：3 万工时/年。修配厂主要技术经济指标见表 10 - 38。

修配厂布置在场地－B 范围内，地面高程 525.00m。其生产方式按二班制考虑。厂内设电气修配车间、管道加工修配车间、电气修配车间、修钎车间、材料库、办公室、工具房等。除修钎车间和材料库、办公工具房采用砖混结构外，其余均采用轻型钢结构厂房。总建筑面积 940m²，占地面积 3800m²（含室外堆放场）。

序　号	名　称	单　位	数　量
1	占地面积	m²	3800
2	生产班制	班/d	2
3	设备总台套	台套	36
4	设备总容量	kW	286
5	人员	人	86

表 10-38　　　　　　　　　　修配厂主要技术经济指标表

（5）前方生产设施。混凝土施工前期在右岸坝后低线公路高程 413.00m 设临时生产指挥所，水垫塘二道坝标进行混凝土施工前拆除。建筑面积为 300m²，保温活动板房结构。

在右坝头下游高程 610.00m 平台上靠右坝肩槽位置设前方生产指挥所，该指挥所为前方生产主要指挥机构所在地，由前方调度室、值班室、会议室及卫生设施组成。

在左、右岸坝后发包人提供的场地-E 内和右坝头下游高程 610.00m 平台上前方生产指挥所附近各设一个前方就餐房，总建筑面积 240m²，总占地面积 1500m²，保温活动板房结构。

（6）仓库及堆料场。

1）机电物资仓库。机电物资仓库布置在场地-B 区内，建筑面积 1110m²，占地面积 3500m²。

2）袋装材料仓库。袋装材料仓库布置在场地-B 范围内，仓库建筑面积为 300m²，占地面积 700m²。

袋装材料主要包括水泥、各种混凝土外加剂和建筑材料。灌浆用水泥可直接运至灌浆施工现场，存储在相对固定的临时水泥棚内，混凝土外加剂主要储存在高线混凝土系统的外加剂车间内，袋装材料库主要存储小部分袋装水泥备用应急和其他袋装材料。其存储量按 15d 储备量考虑。

3）堆料场。钢筋、木材等材料堆放场地结合相应加工厂布置于一起，在加工厂占地面积中已作考虑。钢筋堆料场按施工高峰期 30d 的需用量约 1200t 考虑其面积，规划占地面积约 2000m²。

10.4.2.6　混凝土生产系统

在发包人指定的施工场地（右岸坝头下游高程 705.00m 平台、高程 610.00m 平台和高程 595.00m 平台）内设置高线混凝土生产系统，承担主体工程混凝土生产任务。系统主要由 2 座 4×4.5m³ 型自落式混凝土拌和楼、1 座制冷楼、2 座二次筛分楼、2 座一次风冷骨料料仓、1 座一次风冷制冷车间，4 个粗骨料竖井和 2 个细骨料竖井以及骨料运输系统、胶凝材料储运系统、供风供排水供电及控制系统、污水处理系统等其他辅助设施组成。系统常态混凝土设计生产能力 600m³/h；预冷混凝土按满足夏季出机口温度 7℃ 的要求设计，骨料预冷采用风冷，生产能力 500m³/h。系统三班制生产。

拌和楼、制冷楼、筛分楼、一次风冷设施均布置在高程 610.00m 平台上，混凝土出料平台高程 610.00m，出料线为环线布置，熟料由 9m³ 侧卸汽车运至缆机供料平台。

骨料储存设施、胶凝材料储存设施、外加剂车间、供风设施均布置在高程 705.00m 平台上。混凝土细骨料由大戏厂-马家河坝人工砂加工系统生产，粗骨料由塘房坪骨料加工系统生产，均采用胶带运输机运输至本系统。

系统污水处理系统布置在高程 595.00m 高程平台上，生产污水经处理达标后循环使用。

系统水泥按满足施工高峰期 15d 的需用量储备，粉煤灰按施工高峰期 30d 的需用量储备。粗、细骨料竖井容量满足混凝土高峰施工时段 3d 的需要量。

10.4.3 施工进度

（1）总工期。溪洛渡右岸地下厂房混凝土施工开工时间为 2009 年 3 月 1 日，首台机组 2013 年 6 月 30 日发电。

（2）控制性节点工期。溪洛渡右岸地下厂房典型单个机组段的混凝土施工进度计划安排（以 10 号机组为例）见表 10-39，右岸地下厂房混凝土的节点工期见表 10-40。

表 10-39　　　　　　　　　　10 号机组混凝土施工进度一览表

施 工 项 目	开工时间 /（年-月-日）	完工时间 /（年-月-日）	工　期 /d
肘管以下集水井混凝土	2009-3-1	2009-3-25	25
肘管及锥管一期混凝土	2009-3-26	2009-5-4	40
肘管安装	2009-5-5	2009-6-27	54
肘管二期混凝土（含锥管一期混凝土）	2009-6-28	2009-9-20	85
锥管安装	2009-9-21	2009-10-10	20
锥管二期混凝土	2009-10-11	2009-10-27	17
蜗壳支墩混凝土	2009-10-28	2009-11-14	18
本标第一次向机电交面时间	2009-11-14		—
机组座环、基础环、蜗壳里衬等安装	2009-11-15	2010-5-24	191
蜗壳混凝土	2010-5-25	2010-10-8	137
凑合节钢管安装	2010-10-9	2010-11-7	30
水轮机层至发电机层混凝土	2010-11-8	2011-2-28	113
本标第二次向机电交面时间	2011-2-28		—
机组安装	2011-3-1	2013-6-30	853

表 10-40　　　　　　　　　　厂房系统主要施工项目进度安排

工程部位	主要工程项目	开工时间 /（年-月-日）	完工时间 /（年-月-日）
主、副厂房	主厂房岩锚轨道混凝土及小桥机安装	2008-11-10	2009-2-17
	主厂房检修/渗漏集水井混凝土浇筑	2009-3-1	2009-6-8
	主厂房安装间混凝土浇筑	2009-9-21	2010-2-17
	副厂房混凝土浇筑	2009-2-18	2010-7-2
	主厂房空调机房混凝土浇筑	2010-7-3	2011-2-17
	10 号、18 号机基础混凝土浇筑～蜗壳机墩混凝土浇筑	2009-3-26	2009-11-14
	10 号、18 号机组第一次提交工作面		2009-11-14
	10 号、18 号机蜗壳混凝土～发电机层混凝土浇筑	2010-5-25	2011-2-28

工程部位	主要工程项目	开工时间 /(年-月-日)	完工时间 /(年-月-日)
主、副厂房	10号、18号机组第二次提交工作面		2011-2-28
	11号机基础混凝土浇筑~蜗壳机墩混凝土浇筑	2009-4-25	2009-12-14
	11号机蜗壳混凝土~发电机层混凝土浇筑	2010-6-24	2011-3-31
	12号机基础混凝土浇筑~蜗壳机墩混凝土浇筑	2009-7-24	2010-3-15
	12号机蜗壳混凝土~发电机层混凝土浇筑	2010-9-23	2011-7-31
	13号机基础混凝土浇筑~蜗壳机墩混凝土浇筑	2009-10-22	2010-6-16
	13号机蜗壳混凝土~发电机层混凝土浇筑	2010-12-25	2011-10-31
	14号机基础混凝土浇筑~蜗壳机墩混凝土浇筑	2010-1-20	2010-9-13
	14号机蜗壳混凝土~发电机层混凝土浇筑	2011-3-24	2012-2-28
	15号机基础混凝土浇筑~蜗壳机墩混凝土浇筑	2010-4-20	2010-12-15
	15号机蜗壳混凝土~发电机层混凝土浇筑	2011-7-11	2012-6-30
	16号机基础混凝土浇筑~蜗壳机墩混凝土浇筑	2010-7-19	2011-3-15
	16号机蜗壳混凝土~发电机层混凝土浇筑	2011-10-9	2012-9-30
	17号机基础混凝土浇筑~蜗壳机墩混凝土浇筑	2010-10-17	2011-7-15
	17号机蜗壳混凝土~发电机层混凝土浇筑	2012-2-8	2013-1-31
	主厂房电气夹层/发电机层装修、砌体、防潮层施工	2011-3-1	2013-10-31

10.4.4 施工方案

10.4.4.1 主要施工方案

结合右岸地下厂房结构复杂，预留孔洞、管路和埋件繁多，技术要求高，施工难度大的特点，选择以皮带输送机、混凝土托泵、桥机为主要施工设备。具体施工方案规划如下：

肘管和锥管混凝土坍落度按14～16cm控制，按照混凝土入仓设备的技术性能和现场施工环境，肘管和锥管混凝土入仓方式分别为：①从尾水管泵送入仓；②从引水下平洞溜槽加短溜筒入仓或泵送入仓。

蜗壳混凝土采用2台SHB2布料皮带机联合浇筑（采用1台SHB2布料皮带机和100/32t桥机配6m³吊罐联合浇筑作为备用），另外，座环与蜗壳下表面所形成的区域非常狭小，混凝土施工过程中很容易形成空腔，无法浇筑饱满，因此，无论采取何种施工方案，该部位必须采用预埋泵管，泵送入仓方式进行混凝土回填。蜗壳混凝土泵送浇筑平面布置见图10-16。

主机间蜗壳以上各层混凝土采用以100/32t桥机配6m³吊罐浇筑为主，泵送浇筑为

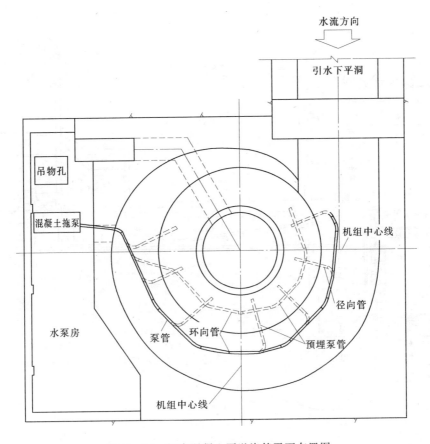

图 10-16　蜗壳混凝土泵送浇筑平面布置图

辅；副安装间混凝土采用 100/32t 桥机配 6m³ 吊罐和泵送浇筑为主，局部辅以溜槽入仓；副厂房和空调机房框架梁板柱混凝土采用泵送入仓为主，溜槽入仓为辅。厂房蜗壳混凝土浇筑皮带输送机布置见图 10-17。

　　尾调渗漏集水井混凝土浇筑采用 8m³ 或 6m³ 混凝土搅拌车运输，溜管配合溜槽直接入仓，局部溜槽无法覆盖的地方采用泵送辅助入仓。

　　主变室其余部位混凝土主要采用 8m³ 或 6m³ 混凝土搅拌车运输，泵送入仓的施工方案。

　　母线洞混凝土采用 8m³ 或 6m³ 混凝土搅拌车运输，泵送入仓。

　　出线竖井混凝土采用 8m³ 或 6m³ 混凝土搅拌车运输。出线竖井除底部采用泵送外，其他部位均采用 φ200mm 溜管配 My-box 缓降器及旋转分料溜槽入仓。电缆上、下平洞、进人洞采用泵送入仓。出线竖井混凝土浇筑见图 10-18。

　　进场交通洞直线段边顶拱混凝土采用两节钢模台车进行浇筑，分缝长度为 15m；转弯段利用一节钢模台车进行浇筑，径向分缝，分缝长度为 7.5m。每一仓又分两次进行浇筑，其中从底板往上 1.06m 高排水沟边墙为第一次，其他剩余部分为第二次；排水沟边墙采用自制移动溜槽直接入仓，顶拱混凝土采用混凝土拖泵泵送入仓，其中衬砌厚度为 125cm

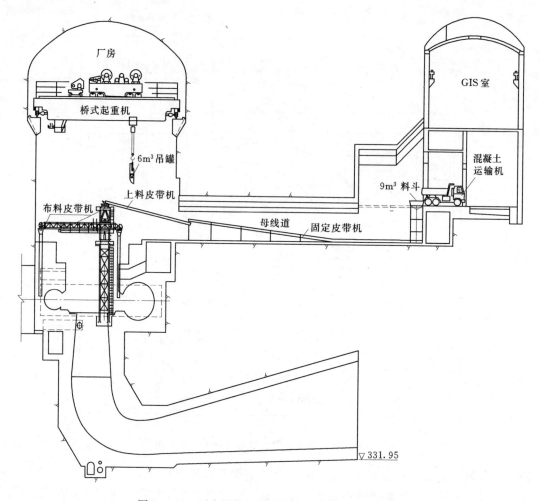

图 10-17　厂房蜗壳混凝土浇筑皮带输送机布置图

段采用退管法施工，衬砌厚度为 50cm、60cm 段采用冲天管法施工。进场交通洞边顶拱钢模台车浇筑见图 10-19。

10.4.4.2　温度控制

　　根据溪洛渡厂房混凝土浇筑温度和施工技术要求，厂房混凝土施工过程中，对温度控制采取如下措施：降低混凝土浇筑温度（降低出机口温度、对运输车辆降温及避免高温季节和高温时段施工）、降低混凝土水化热温升（选取水化热低水泥、添加掺合料降低水泥用量、减少胶凝材料多的混凝土浇筑及控制浇筑层最大高度和间歇时间），必要时在仓内布置冷却水管方式进行降温。

10.4.5　主要资源配置

　　（1）主要施工机械布置。根据已建同类型地下厂房的施工经验以及现有混凝土施工设备。同时，为了满足设计对厂房混凝土的施工技术要求（即蜗壳、锥管和肘管混凝土坍落度不大于 9cm），投入厂房混凝土浇筑的入仓设备主要有：1 台 100/32t 桥机配 6m³ 吊罐、

2台 SHB2 布料皮带机、5 台 HBT60A 拖式混凝土泵等。

1）混凝土水平运输。右岸地下厂房混凝土水平运输手段主要采用 SHB2 布料皮带机、12 台 25t 自卸车、$8m^3$ 和 $6m^3$ 混凝土搅拌运输车各 8 台。

根据厂房混凝土赶工进度计划，厂房混凝土施工高峰期共有 6 个工作面在同时进行施工，混凝土施工最高月强度为 $8090m^3$，由于厂房结构为小体型，单仓浇筑方量小，结合配置设备载运量，所配机械设备可以满足混凝土施工强度要求。

2）混凝土垂直运输。右岸地下厂房混凝土垂直运输手段主要采用 100/32t 桥机配 $6m^3$ 吊罐和 HBT60A 拖式混凝土泵。

100/32t 桥机配 $6m^3$ 吊罐：根据桥机的运行速度和性能，100/32t 桥机的生产率平均为 4 罐/h，因此，100/32t 桥机配 $6m^3$ 吊罐平均入仓强度为 $24m^3/h$。

HBT60A 拖式混凝土泵：混凝土理论输送量为 $60m^3/h$，实际混凝土输送量约为 $25\sim30m^3/h$。

根据以上设备小时施工强度，同时根据厂房混凝土高峰期施工月强度，所配机械设备可以满足混凝土施工强度要求。

（2）原材料。

1）主体原材料。溪洛渡水电站工程所用钢材、水泥、粉煤灰、混凝土外加剂（减水剂和泵送剂）、成品炸药、柴油和止水铜片。均由发包人提供，部分主材需由承包人进行复检，若出现不合格产品，经监理确认，可禁止使用。

砂石骨料由发包人在左岸下游的中心场设置的人工砂石骨料加工系统提供粗细骨料。

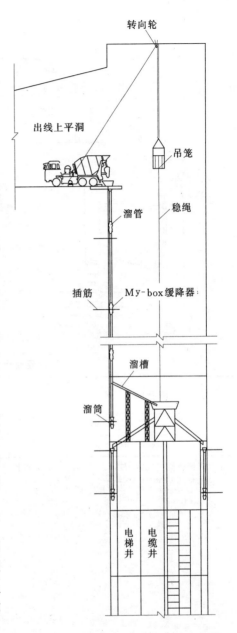

图 10-18　出线竖井混凝土浇筑示意图

2）模板。溪洛渡右岸地下厂房结构主要为板梁柱及小体型结构，浇筑时全部采用组合小钢模，组合钢模板，局部采用酚醛模板及悬臂模板，支撑全部采用碗扣式脚手架支撑。

（3）劳动力规划。根据右岸厂房混凝土的结构特点和施工难度，厂房混凝土施工劳动力按混凝土浇筑高峰期的施工强度进行配置，高峰期总人数为 557 人，厂房混凝土施工劳动力配置情况见表 10-41。

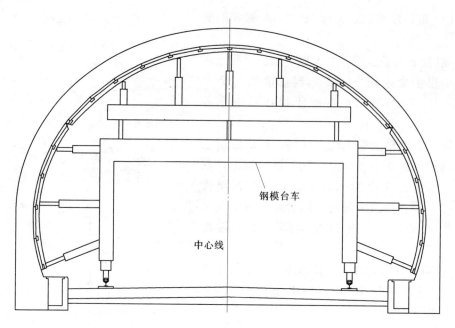

图 10 - 19　进场交通洞边顶拱钢模台车浇筑示意图

表 10 - 41　　　　　　　　　厂房混凝土施工劳动力配置情况表　　　　　　　　单位：人

班次 \ 工种	测量工	模板工	钢筋工	混凝土工	焊工	电工修理	杂工	合计
一班	4	50	50	60	20	10	70	528
二班	4	50	50	60	20	10	70	

注　值班队长：4 人，技术人员：15 人，值班长：4 人，综合员：2 人，安全员：4 人，厂房混凝土施工作业队全员
　　共 557 人（不包括运输人员）。